AutoCAD 机械设计简明实用基础教程

主编 吕海霆 黄潇苹

U0284968

北京理工大学出版社
BEIJING INSTITUTE OF TECHNOLOGY PRESS

内 容 简 介

本书从简明、实用的角度出发，介绍了AutoCAD的基础知识。全书共分为8章。第1章简要介绍了AutoCAD的工作环境和基本操作，并详细阐述了图层工具的用法；第2章系统讲解了绘制平面图形文件的基本操作，包括绘制点、线、矩形、圆、圆弧、正多边形、椭圆和椭圆弧等各种平面图形；第3章以实例的形式讲解了常用的精确绘图工具；第4章深入介绍了AutoCAD图形的基本编辑方法，包括对图形的复制、拉伸、镜像、偏移、旋转、修剪、倒角和圆角等操作，钳夹模式编辑等；第5章和第6章系统讲解了AutoCAD的文字和尺寸标注及表格应用；第7章讲述了机械图中常用的样板图和图块；第8章讲解了典型零件图和装配图的绘制方法。

本书通俗易懂，并精选大量课堂实训题、课后练习题，既可作为高等院校CAD/CAM等课程的上课或上机练习教材，也可作为相关工程技术人员的自学参考书。

图书在版编目（CIP）数据

AutoCAD机械设计简明实用基础教程 / 吕海霆，黄潇苹主编. —北京：北京理工大学出版社，2017.2

ISBN 978-7-5682-3710-9

Ⅰ. ①A… Ⅱ. ①吕… ②黄… Ⅲ. ①机械设计–计算机辅助设计–AutoCAD软件–高等学校–教材 Ⅳ. ①TH122

中国版本图书馆CIP数据核字（2017）第030510号

出版发行 / 北京理工大学出版社有限责任公司		
社　　址 / 北京市海淀区中关村南大街5号		
邮　　编 / 100081		
电　　话 / （010）68914775（总编室）		
（010）82562903（教材售后服务热线）		
（010）68948351（其他图书服务热线）		
网　　址 / http://www.bitpress.com.cn		
经　　销 / 全国各地新华书店		
印　　刷 / 北京泽宇印刷有限公司		
开　　本 / 787毫米×1092毫米　1/16		
印　　张 / 14	责任编辑 / 刘永兵	
字　　数 / 326千字	文案编辑 / 刘　佳	
版　　次 / 2017年2月第1版　2017年2月第1次印刷	责任校对 / 王素新	
定　　价 / 54.00元	责任印制 / 马振武	

前　言

　　AutoCAD 是目前国内应用最广泛的计算机绘图和设计软件之一，其丰富的绘图功能、强大的设计功能和友好的用户界面深受广大设计人员的喜爱。AutoCAD 不仅在机械、电子和建筑等工程设计领域得到了大规模的应用，而且在地理、气象和航海等特殊领域，甚至在乐谱、灯光和广告等其他领域也得到了广泛的应用。AutoCAD 已成为 CAD 系统中应用最为广泛和普及的图形软件之一。

　　本书从简明、实用的角度出发，讲解了 AutoCAD 的常用二维功能。本书的编者具有丰富的教学和实践经验。在编写的过程中，将多年积累的经验融入每个章节中，使书中的实例具有较强的代表性和技巧性。本书的每个章节后面都有大量针对性很强的课堂实训和课后练习，以便读者更好地理解和掌握本书的内容。

　　本书由吕海霆、黄潇苹担任主编，陈杨、宋丕伟担任副主编，刘军担任主审。其中，吕海霆编写第 4 章和第 6 章，黄潇苹编写第 7 章和第 8 章，陈杨编写第 2 章和附录 A，宋丕伟编写第 3 章，刘鸿莉编写第 1.1 和 1.2 节、第 1.6～1.9 节以及附录 C，张铭真编写第 5 章，程瑞编写第 1.3～1.5 节和附录 B。

　　由于时间仓促以及作者水平有限，书中存在不足之处在所难免，敬请读者批评指正。

编　者

目　　录

第1章　从零起步 ··· 1

　1.1　初识 AutoCAD ·· 1

　　1.1.1　AutoCAD 软件在机械工程中的应用 ······························ 1

　　1.1.2　启动与退出 AutoCAD ··· 3

　1.2　AutoCAD 操作界面介绍 ··· 3

　1.3　初始绘图环境设置 ··· 9

　　1.3.1　图形单位设置 ··· 9

　　1.3.2　图形边界设置 ·· 10

　1.4　配置绘图系统 ·· 11

　1.5　文件管理操作 ·· 12

　　1.5.1　新建图形文件 ·· 13

　　1.5.2　打开图形文件 ·· 13

　　1.5.3　保存图形文件 ·· 14

　　1.5.4　关闭图形文件 ·· 15

　1.6　AutoCAD 操作基础 ·· 15

　　1.6.1　命令的执行方式 ·· 15

　　1.6.2　视图缩放 ··· 17

　　1.6.3　视图平移 ··· 18

　　1.6.4　数据的输入方法 ·· 19

　　1.6.5　重画和重生成 ·· 19

　　1.6.6　透明命令 ··· 20

　1.7　图层设计 ·· 20

　　1.7.1　设置图层 ··· 21

　　1.7.2　图层的线型 ·· 24

　　1.7.3　实例：机械零件图形 ·· 25

　　1.7.4　颜色的设置 ·· 28

　1.8　课堂实训 ·· 29

　1.9　课后练习 ·· 29

第2章　二维图形的绘制 ··· 31

　2.1　点的绘制 ·· 31

　　2.1.1　功能 ··· 32

　　2.1.2　点的样式设置 ·· 32

　　2.1.3　单点的绘制 ·· 32

　　2.1.4　多点的绘制 ·· 32

2.1.5　定数等分点的绘制 ·· 32

2.1.6　定距等分点的绘制 ·· 33

2.2　直线的绘制 ··· 33

2.2.1　直线命令 ··· 33

2.2.2　构造线命令 ··· 34

2.2.3　射线命令 ··· 35

2.3　圆、弧类的绘制 ·· 35

2.3.1　圆命令 ·· 35

2.3.2　圆弧命令 ··· 38

2.3.3　椭圆命令 ··· 40

2.3.4　实例：抄画图形 ·· 41

2.4　平面图形的绘制 ·· 42

2.4.1　正多边形命令 ·· 42

2.4.2　矩形命令 ··· 43

2.5　样条曲线 ··· 45

2.5.1　功能 ··· 45

2.5.2　命令调用 ··· 45

2.6　多段线 ·· 46

2.6.1　功能 ··· 46

2.6.2　命令调用 ··· 46

2.7　课堂实训 ··· 48

2.8　课后练习 ··· 49

第 3 章　精确绘图工具 ··· 51

3.1　捕捉与栅格 ··· 51

3.1.1　使用捕捉与栅格 ·· 51

3.1.2　设置捕捉与栅格 ·· 52

3.2　正交模式与极轴追踪 ·· 53

3.2.1　使用正交模式 ·· 54

3.2.2　使用极轴追踪 ·· 54

3.2.3　设置极轴追踪 ·· 54

3.2.4　实例：绘制特殊位置线段 ·· 55

3.3　对象捕捉与对象追踪 ·· 56

3.3.1　使用对象捕捉 ·· 56

3.3.2　实例：绘制垂线 ·· 58

3.3.3　实例：绘制公切线 ··· 58

3.3.4　使用对象追踪 ·· 59

3.3.5　实例：使用对象追踪 ·· 59

3.3.6　设置对象捕捉和对象追踪 ·· 60

3.4　动态输入 ··· 60

3.4.1　使用动态输入 ··· 60
3.4.2　实例：绘制正多边形 ··· 61
3.4.3　设置动态输入 ··· 62
3.5　课堂实训 ··· 64
3.6　课后练习 ··· 64
第4章　二维图形的编辑 ·· 66
4.1　生成相同、相似对象 ··· 67
4.1.1　复制命令 ··· 67
4.1.2　镜像命令 ··· 68
4.1.3　实例：绘制压盖 ··· 68
4.1.4　偏移命令 ··· 69
4.1.5　实例：绘制挡圈 ··· 70
4.1.6　阵列命令 ··· 70
4.1.7　实例：绘制图形 ··· 74
4.2　变换对象 ··· 74
4.2.1　移动命令 ··· 74
4.2.2　旋转命令 ··· 75
4.2.3　实例：绘制曲柄 ··· 76
4.2.4　缩放命令 ··· 76
4.2.5　拉伸命令 ··· 77
4.3　编辑对象 ··· 78
4.3.1　修剪命令 ··· 78
4.3.2　实例：绘制卡盘 ··· 79
4.3.3　延伸命令 ··· 80
4.3.4　打断命令 ··· 81
4.3.5　打断于点命令 ··· 82
4.3.6　合并命令 ··· 82
4.3.7　分解命令 ··· 83
4.3.8　倒角命令 ··· 83
4.3.9　实例：绘制齿轮轴 ··· 84
4.3.10　圆角命令 ·· 85
4.3.11　实例：绘制图形 ·· 86
4.4　对象特性修改 ··· 87
4.4.1　钳夹功能 ··· 87
4.4.2　实例：利用钳夹功能编辑图形 ··· 88
4.4.3　特性选项板 ·· 90
4.4.4　特性匹配 ··· 90
4.5　课堂实训 ··· 91
4.6　课后练习 ··· 94

第 5 章　文字与表格 ………………………………………………………………… 99
　5.1　文本标注 ……………………………………………………………………… 99
　　5.1.1　文本样式 …………………………………………………………………… 99
　　5.1.2　单行文本标注 ……………………………………………………………… 100
　　5.1.3　多行文本标注 ……………………………………………………………… 101
　　5.1.4　输入特殊字符 ……………………………………………………………… 103
　5.2　表格 …………………………………………………………………………… 104
　　5.2.1　定义表格样式 ……………………………………………………………… 104
　　5.2.2　创建表格 …………………………………………………………………… 106
　　5.2.3　实例：绘制明细表 ………………………………………………………… 108
　5.3　课堂实训 ……………………………………………………………………… 110
　5.4　课后练习 ……………………………………………………………………… 110
第 6 章　尺寸标注 …………………………………………………………………… 111
　6.1　尺寸样式 ……………………………………………………………………… 111
　　6.1.1　创建标注样式 ……………………………………………………………… 111
　　6.1.2　样式定制 …………………………………………………………………… 112
　　6.1.3　实例：新建标准标注样式 ………………………………………………… 115
　6.2　标注尺寸 ……………………………………………………………………… 119
　　6.2.1　线性标注 …………………………………………………………………… 119
　　6.2.2　实例：标注螺栓尺寸 ……………………………………………………… 120
　　6.2.3　对齐标注 …………………………………………………………………… 121
　　6.2.4　直径和半径标注 …………………………………………………………… 121
　　6.2.5　基线标注 …………………………………………………………………… 122
　　6.2.6　连续标注 …………………………………………………………………… 122
　　6.2.7　角度型尺寸标注 …………………………………………………………… 122
　　6.2.8　实例：标注曲柄尺寸 ……………………………………………………… 124
　　6.2.9　引线标注 …………………………………………………………………… 124
　　6.2.10　形位公差 ………………………………………………………………… 126
　6.3　课堂实训 ……………………………………………………………………… 127
　6.4　课后练习 ……………………………………………………………………… 130
第 7 章　绘制机械工程图的基础知识 ……………………………………………… 132
　7.1　机械样板图的创建 …………………………………………………………… 132
　　7.1.1　设置单位格式及绘图范围 ………………………………………………… 132
　　7.1.2　设置样板图的图层 ………………………………………………………… 133
　　7.1.3　设置文字样式 ……………………………………………………………… 135
　　7.1.4　设置尺寸标注样式 ………………………………………………………… 135
　　7.1.5　绘图图框和标题栏 ………………………………………………………… 136
　　7.1.6　样板文件的使用 …………………………………………………………… 141
　7.2　图块操作 ……………………………………………………………………… 142

　　　　7.2.1　定义图块 ·· 142

　　　　7.2.2　图块的存盘 ·· 143

　　　　7.2.3　实例：粗糙度图块 ·································· 143

　　　　7.2.4　图块的插入 ·· 144

　　7.3　课堂实训 ·· 145

　　7.4　课后练习 ·· 146

第 8 章　机械图绘制 ··· 149

　　8.1　典型零件图的绘制 ·· 149

　　　　8.1.1　轴类零件的绘制 ···································· 149

　　　　8.1.2　盘类零件的绘制 ···································· 157

　　　　8.1.3　叉架类零件的绘制 ································ 163

　　　　8.1.4　箱体类零件的绘制 ································ 169

　　8.2　完整装配图的绘制 ·· 179

　　　　8.2.1　装配图内容 ·· 179

　　　　8.2.2　装配图绘制过程 ···································· 179

　　8.3　装配图的绘制方法 ·· 179

　　　　8.3.1　配置绘图环境 ······································· 181

　　　　8.3.2　组装装配图 ·· 182

　　　　8.3.3　标注球阀装配图 ···································· 188

　　8.4　课堂实训 ·· 190

　　8.5　课后练习 ·· 198

附录 A　AutoCAD 键盘图 ·· 206

附录 B　AutoCAD 常用快捷键 ·································· 207

附录 C　计算机绘图标准 ··· 210

参考文献 ··· 211

第1章 从零起步

AutoCAD 是由美国 Autodesk 公司开发的通用计算机辅助设计软件包，自 1982 年问世以来已经进行了几十次升级，其功能逐渐强大、日趋完善。AutoCAD 具有使用方便、交互式绘图、用户界面友好和体系结构开放等优点，同时它还具有开放式的结构、强大的二次开发能力和方便可靠的硬件接口，现已被广泛应用于机械、电子、建筑、汽车及测绘等各行业的设计工作，是世界上工程设计领域中应用最广泛的计算机绘图软件之一。

1.1 初识 AutoCAD

1.1.1 AutoCAD 软件在机械工程中的应用

AutoCAD 在机械工程中的应用非常广泛，不仅可以绘制完整的零件图和装配图，还可以绘制轴测图和投影图。同时 AutoCAD 还具有强大的图纸管理功能，为用户图纸的使用和管理提供支持。软件的主要功能如下。

1. 绘制与编辑图形

在机械工程设计中，利用 AutoCAD，用户可以根据需要绘制出以下几种不同类型的图形。

1）绘制与编辑二维图形

AutoCAD 的"绘图"菜单中包含丰富的绘图工具，用户使用它们可以绘制直线、构造线、多段线、圆、矩形、多边形和椭圆等基本图形，再使用"修改"菜单中的编辑工具对其进行编辑，可以绘制出各种各样的二维图形。

2）绘制与编辑三维图形

利用 AutoCAD，用户不仅可以将一些平面图形通过拉伸、设置标高和厚度转换为三维图形，还可以使用"绘图"→"曲面"命令中的子命令绘制三维曲面、三维网格和旋转曲面等曲面，使用"绘图"→"实体"命令中的子命令绘制圆柱体、球体和长方体等基本实体。此外，利用"修改"菜单中的有关命令对其进行编辑，还可以绘制出更为复杂的三维图形。

3）绘制轴测图

在工程设计中常会遇到轴测图，它看似三维图形，但实际上是二维图形。轴测图采用一种二维绘图技术来模拟三维对象沿特定视点产生的二维平行投影效果，但在绘制方法上不同于二维图形的绘制。使用 AutoCAD 可以非常方便地绘制出轴测图。在轴测模式下，可以将直线绘制成与坐标轴成 30°、90° 和 150° 等角度，将圆绘制成椭圆形。

4）绘制三维投影图

除了常规的几种图形的创建，还可以利用 AutoCAD 软件进行三维视图的投影创建，它类似于机械制图中的三视图，利用它可以更直观地看清楚立体图形的形状及其投影。

2. 标注图形尺寸

标注尺寸是向图形中添加测量注释的过程，是整个绘图过程中不可缺少的一步。AutoCAD 的"标注"菜单中包含了一套完整的尺寸标注和编辑命令，用户可以利用它们在图形的各个方向上创建各种类型的标注，也可以方便快速地以一定格式创建符合行业或项目标准的标注。在 AutoCAD 中提供了线性、半径和角度 3 种基本的标注类型，可以进行水平、垂直、对齐、旋转、坐标、基线或连续等标注。标注的对象可以是二维图形或三维图形。

3. 渲染三维图形

在 AutoCAD 中，用户可以运用雾化、光源和材质，将模型渲染为具有真实感的图像。如果是为了演示，可以全部渲染对象；如果需要快速查看设计的整体效果，则可以进行简单消隐或着色图像。

4. 控制图形显示

用户可以方便地以多种方式放大或缩小所绘制的图形。对于三维图形，可以改变观察视点，从不同方向观看显示图形；也可以将绘图区域分成多个视口，从而能够在各个视口中以不同方位显示同一图形。此外，AutoCAD 还提供了三维动态观察器，利用该观察器可以动态地观察三维图形。

5. 绘图实用工具

用户可以方便地设置绘图图层、尺寸标注样式和文字标注样式，也可以对所标注的文字进行拼写检查。通过各种形式的绘图辅助工具设置绘图方式，提高绘图效率与准确性。利用特性窗口可以方便地编辑所选择对象的特性。利用标准文件功能可以为诸如图层、文字样式、线型这样的命名对象定义标准的设置，以保证同一单位、部门、行业及合作伙伴在所绘图形中对这些命名对象设置的一致性。利用图层转换器将当前图形图层的名称和特性转换成已有图形或标准文件对图层的设置，即可对不符合本部门图层设置要求的图形进行快速转换。此外，AutoCAD 设计中心还提供了一个直观、高效并与 Windows 资源管理器相类似的工具。利用此工具，用户能够对图形文件进行浏览、查找及管理。

6. 数据库管理功能

在 AutoCAD 中，可以将图形对象与外部数据库中的数据进行关联，而这些数据库是由独立于 AutoCAD 的其他数据库管理系统（如 Access、Oracle、FoxPro 等）建立的，从而方便用户的使用。

7. Internet 功能

AutoCAD 提供了极为强大的 Internet 工具，使设计者之间能够共享资源和信息，可以实现同步设计、研讨、演示和发布消息等诸多功能。

利用 AutoCAD 的网上发布向导，可以方便、迅速地创建格式化的 Web 网页；利用联机会议功能，能够实现 AutoCAD 用户之间的图形共享；利用电子传递功能，能够把 AutoCAD 图形及其相关文件压缩成 ZIP 文件或自解压的可执行文件，然后将其以单个数据包的形式传送给客户、工作组成员或其他有关人员；利用超链接功能，能够使 AutoCAD 图形对象与其他对象（如文档、数据表格、动画和声音等）建立链接关系。此外，用户还可以使用 Design Review 查看和标记.dwf 文件。

8. 输出与打印图形

AutoCAD 不仅允许将所绘制的图形以不同样式通过绘图仪或打印机输出，还能够将不同格式的图形导入 AutoCAD 或将 AutoCAD 图形以其他格式输出，从而增强了灵活性。因此，当图形绘制完成后，可以使用多种方法将其输出。

1.1.2　启动与退出 AutoCAD

在使用软件时，首先要了解软件的启动与退出操作，下面将就此进行简要介绍。

1. 启动 AutoCAD 软件

启动软件的方法很多，比如，通过桌面的快捷方式启动，通过"开始"菜单找到安装的软件将其启动，还可以通过打开相关 AutoCAD 格式的文件（如*.dwg、*.dwt 等）来启动软件。

以上方法的本质其实是一样的，它们都是通过链接安装目录下一个名为"acad.exe"的可执行文件来启动 AutoCAD，如图 1-1 所示。有时在找不到快捷启动方法时，我们就为"acad.exe"设置一个快捷方式即可。

图 1-1　启动 AutoCAD

2. 关闭软件

若要退出 AutoCAD，可以采用以下任意一种方式。

（1）单击"菜单浏览器"按钮，打开菜单浏览器，单击"退出 Autodesk AutoCAD"按钮。

（2）从菜单栏中选择"文件"→"退出"命令。

（3）单击 AutoCAD 窗口界面最右上角的"关闭"按钮。

（4）在命令行中输入"Exit"或"Quit"命令，按［Space］键（或按［Enter］键，本教材中所有的［Space］键都可用［Enter］键替代）。

（5）按［Ctrl］+［Q］组合键。

1.2　AutoCAD 操作界面介绍

AutoCAD 的操作界面是 AutoCAD 显示和编辑图形的区域。一个完整的 AutoCAD 的操作界面包括菜单浏览器、窗口栏、快速访问工具栏、标题栏、菜单栏、绘图区、十字光标、工具栏、坐标系、布局标签、状态栏、命令行窗口、状态托盘和滚动条等，如图 1-2 所示。

图 1-2 "AutoCAD 经典"工作空间操作界面

图 1-2 显示的是"AutoCAD 经典"工作空间操作界面，除此以外，AutoCAD 2010 以后版本还提供了"草图与注释""三维基础""三维建模"和"AutoCAD 经典"共四种工作空间模式，其作用见表 1-1。其中"草图与注释"是系统默认的工作空间，对习惯 AutoCAD 传统界面的用户来说，通常在绘制二维图形时使用"AutoCAD 经典"空间。

表 1-1 AutoCAD 工作空间

工作空间	作　用	工作空间	作　用
草图与注释	显示二维绘图特有的工具	三维建模	显示三维建模特有的工具
三维基础	显示特定于三维建模的基础工具	AutoCAD 经典	显示不带有功能区的 AutoCAD

切换工作空间模式，可以采用如下几种方式：一是在快速访问工具栏中选择最后的 ▼ 按钮，打开自定义快速访问工具栏，如图 1-3 所示，在菜单中选择"工作空间"，"工作空间"的对话框就出现在快速访问工具栏中，用户可以通过下拉菜单实现工作空间的切换；二是可以单击状态托盘中的"切换工作空间" ⚙ 按钮，在弹出的菜单中选择需要的工作空间，如图 1-4 所示。

图 1-3 自定义快速访问工具栏　　　**图 1-4 "切换工作空间"按钮菜单**

下面根据"AutoCAD 经典"工作界面,介绍其功能。

1. 标题栏

在 AutoCAD 绘图窗口的最上端是标题栏。在标题栏中显示了系统当前正在运行的应用程序和用户正在使用的图形文件。在用户第一次启动软件时,在 AutoCAD 绘图窗口的标题栏中将显示图形文件的名称"Drawing1.dwg",如图 1-2 所示。

2. 绘图区

绘图区是指在标题栏下方的大片空白区域,绘图区域是用户使用 AutoCAD 绘制图形的区域。用户完成一幅设计图形的主要工作都是在绘图区域中完成的。

在绘图区域中,还有一个作用类似光标的十字线,其交点反映了光标在当前坐标系中的位置。十字线的方向与当前用户坐标系的 X 轴和 Y 轴方向平行,十字线的长度和拾取框的大小可以自行设置。

3. 菜单栏

在 AutoCAD 绘图窗口标题栏的下方是 AutoCAD 的菜单栏。同其他 Windows 程序一样,AutoCAD 的菜单也是下拉形式的,并在菜单中包含子菜单。AutoCAD 的菜单栏中包含了 12 个菜单:"文件""编辑""视图""插入""格式""工具""绘图""标注""修改""参数""窗口"和"帮助"。这些菜单几乎包含了 AutoCAD 的所有绘图命令,后面的章节将围绕这些菜单展开讲述。

4. 工具栏

"AutoCAD 经典"工作空间中,工具栏是制图常用的快捷辅助工具,工具栏中集中了常用 AutoCAD 命令的工具按钮。在工具栏中单击某个图标,便会执行相应的功能操作,而不必从菜单栏中选择所需的菜单命令。

系统在默认情况下,"标准""图层""绘图"和"修改"等工具栏处于打开状态。如果用户需要调用其他的工具栏,可以右击已调用的任何一个工具栏("快速访问"工具栏除外),在弹出的如图 1-5(a)所示的快捷菜单中选择相应的工具栏名称即可。在该快捷菜单中,若某工具栏名称前有"√"符号,则表示该工具栏处于被调用的状态。

工具栏可以是固定的,也可以是浮动的。浮动的工具栏可以位于绘图区域的任何位置,如果拖动浮动工具栏的一条边,则可以调整工具栏的大小。放置好各常用的工具栏后,可以将它们锁定,方法是右击用户界面中的任意一个工具栏("快速访问"工具栏除外),弹出一个快捷菜单,如图 1-5(b)所示,接着从该快捷菜单中选择"锁定位置"→"全部"→"锁定"。

5. 坐标系图标

在绘图区域的左下角,有一个直线指向图标,称为坐标系图标,表示用户绘图时正在使用的坐标系形式,如图 1-2 所示。坐标系图标的作用是为点的坐标确定一个参照系。

根据工作需要,用户可以选择将其打开或关闭。打开方法是选择菜单命令:"视图"→"显示"→"UCS 图标"→"开"。

6. 命令行窗口

命令行窗口是输入命令名和显示命令提示的区域,默认的命令行窗口布置在绘图区下方,是若干文本行,如图 1-2 所示。对命令行窗口,有以下几点需要说明。

(1)移动拆分条,可以扩大和缩小命令窗口。

(2)可以拖动命令窗口,布置在屏幕上的其他位置。默认情况下布置在图形窗口下方。

图 1-5　工具栏的调用与锁定

（a）调用工具栏；（b）锁定位置

（3）对当前命令窗口中输入的内容，可以按［F2］键用文本编辑的方法进行编辑，如图 1-6 所示。AutoCAD 文本窗口和命令窗口相似，它可以显示当前 AutoCAD 进程中命令的输入和执行过程，在执行 AutoCAD 某些命令时，它会自动切换到文本窗口，列出有关信息。

图 1-6　文本窗口

AutoCAD通过命令窗口反馈各种信息，包括出错信息。因此，用户要时刻关注在命令窗口中出现的信息。

7. 布局标签

系统默认设定一个模型空间布局标签和"布局1""布局2"两个图纸空间布局标签。在这里有两个概念需要解释一下。

（1）布局：是系统为绘图设置的一种环境，包括图纸大小、尺寸单位、角度设定和数值精确度等，在系统预设的三个标签中，这些环境变量都按默认设置。用户根据实际需要改变这些变量的值。比如，默认的尺寸单位是米制的毫米，如果所绘制图形的单位是英制的英寸，就可以改变尺寸单位环境变量的设置，具体方法在后面章节进行介绍，在此暂且从略。用户也可以根据需要设置符合自己要求的新标签，具体方法也在后面章节进行介绍。

（2）模型：AutoCAD的空间分模型空间和图纸空间。模型空间是通常绘图的环境，而在图纸空间中，用户可以创建叫作"浮动视口"的区域，以不同视图显示所绘图形。用户可以在图纸空间中调整浮动视口并决定所包含视图的缩放比例。如果选择图纸空间，则可打印多个视图，用户可以打印任意布局的视图。

系统默认打开模型空间，用户可以通过鼠标左键单击选择需要的布局。

8. 状态栏

状态栏在屏幕的底部，左端显示绘图区中光标定位点的坐标X、Y、Z，在右侧依次有"推断约束""捕捉模式""栅格显示""正交模式""极轴追踪""对象捕捉""三维对象捕捉""对象捕捉追踪""允许/禁止动态UCS""动态输入""显示/隐藏线宽""显示/隐藏透明度""快捷特性""选择循环"和"注视监视器"15个功能开关按钮，如图1-2所示。左键单击这些开关按钮，可以实现这些功能的开关。

9. 状态托盘

状态托盘包括一些常见的显示工具和注释工具，包括模型空间与布局空间转换工具，如图1-7所示，通过这些按钮可以控制图形或绘图区的状态。

图1-7 状态托盘工具

（1）"模型或图纸空间"按钮：在模型空间与布局空间之间进行转换。

（2）"快速查看布局"按钮：快速查看当前图形在布局空间的布局。

（3）"快速查看图形"按钮：快速查看当前图形在模型空间的图形位置。

（4）"注释比例"按钮：单击"注释比例"右下角小三角符号弹出注释比例列表，如图1-8所示，可以根据需要选择适当的注释比例。

（5）"注释可见性"按钮：当图标亮显时表示显示所有比例的注释性对象；当图标变暗时表示仅显示当前比例的注释性对象。

（6）"自动添加注释"按钮：注释比例更改时，自动将比例添加到注释对象。

（7）"切换工作空间"按钮：进行工作空间转换。

（8）"锁定"按钮：控制是否锁定工具栏或图形窗口在图形界面上的位置。

（9）"硬件加速"按钮：设定图形卡的驱动程序以及设置硬件加速的选项。

（10）"隔离对象"按钮：当选择隔离对象时，在当前视图中显示选定对象，所有其他对象都暂时隐藏；当选择隐藏对象时，在当前视图中暂时隐藏选定对象，所有其他对象都可见。

（11）状态栏菜单下拉按钮：单击该下拉按钮，如图 1-9 所示，可以选择打开或锁定相关选项位置。

图 1-8　注释比例列表　　　　　图 1-9　应用程序状态栏菜单

（12）"全屏显示"按钮：该选项可以清除 Windows 窗口中的标题栏、工具栏和选项板等界面元素，使 AutoCAD 的绘图窗口全屏显示，如图 1-10 所示。再次单击该按钮，系统退出全屏。

图 1-10　全屏显示

10. 滚动条

在 AutoCAD 绘图窗口中的下方和右侧还提供了用来浏览图形的水平和竖直方向的滚动条。在滚动条中单击鼠标或拖动滚动条中的滚动块，用户可以在绘图窗口中按水平或竖直两个方向浏览图形。

11. "快速访问"工具栏

"快速访问"工具栏在标题栏的左侧区域，可以通过此工具栏完成对常用命令的快速访问。该工具栏包括"新建""打开""保存""另存为""打印""放弃""重做"和"工作空间"等几个最常用的工具。用户也可以根据需要向"快速访问"工具栏添加更多的工具，其一般方法是在"快速访问"工具栏中单击最右侧的下拉按钮，接着从滑出的菜单列表中选择所需的命令进行设置，如图1-11所示。如果为"快速访问"工具栏添加了相当多的工具，那么超出工具栏最大长度范围的工具会以弹出按钮显示。

12. 菜单浏览器

AutoCAD 提供了一个实用的"菜单浏览器"按钮，位于图形界面的左上角，单击此按钮将打开如图1-12所示的菜单浏览器，该菜单包含 AutoCAD 图形文件基本操作的全部命令。在菜单中，可以使用"最近使用的文档"列表来查看最近使用的文件。菜单浏览器支持对命令的实时搜索，搜索字段显示在菜单的顶部区域，搜索结果可以包括菜单命令、基本工具提示和命令提示文字字符串等。

图1-11　自定义"快速访问"工具栏

图1-12　菜单浏览器菜单

1.3　初始绘图环境设置

1.3.1　图形单位设置

进入 AutoCAD 绘图环境后，需要首先进行图形单位的设置，其步骤如下：

设置显示菜单栏，在菜单栏中选择"格式"→"单位"命令，或者在命令窗口的当前命令行中输入"UNITS"命令并按［Space］键确认，系统弹出如图1-13所示的"图形单位"对话框。

【选项说明】

（1）长度类型：在"长度"选项组的"类型"下拉列表框中设置长度尺寸的类型，可供选择的长度类型选项有"小数""科学""建筑""分数"和"工程"。在机械制图和建筑制图中，常使用"小数"类型的以十进制表示的长度单位。指定长度类型选项后，在"精度"下拉列表框中选择所需的单位精度值，如 0.0000。

（2）角度类型：在"角度"选项组的"类型"下拉列表框中选择角度单位类型，接着在"精度"下拉列表框中选择所需的单位精度值，并可以单击"顺时针"复选框将角度方向由默认的逆时针方向改为顺时针方向。在 AutoCAD 中，系统提供了 5 种角度单位类型选项，即"十进制度数""度/分/秒""弧度""勘测单位"和"百分度"。其中我国工程界多采用"十进制度数"。

（3）插入时的缩放单位：该选项组中，可以控制插入当前图形中的块和图形的测量单位。如果块或图形创建时使用的单位与该选项指定的单位不同，则在插入这些块或图形时，将对其按比例进行缩放。插入比例是源块或图形使用的单位与目标图形使用的单位之比。如果插入块时不按指定单位缩放，请选择"无单位"。

（4）光源：设置用于指定光源强度的单位。

（5）方向：单击该按钮，系统显示"方向控制"对话框，如图 1-14 所示，可以从中设置基准角度。

图 1-13 "图形单位"对话框

图 1-14 "方向控制"对话框

1.3.2 图形边界设置

默认情况下，系统对绘图范围没有限制，但是为了规范绘图的区域，用户在绘图前通常需要设置图纸的有效范围，即设置图形界限，其方法如下。

在菜单栏中选择"格式"→"图形界限"命令，或者在命令窗口的当前命令行中输入"LIMITS"命令并按［Space］键确认。命令行提示指定左下角点坐标，直接按［Space］键，即选择默认坐标（0, 0）；系统提示右上角点坐标，默认设置为（420, 297），即 A3 图纸尺寸，如果绘图为 A3 图纸，直接按［Space］键即可；其他情况则根据所选图纸大小，输入右上角点坐标值后，按［Space］键结束命令。注意，AutoCAD 只识别英文输入，包括数字、字母和标点。命令行提示如下：

```
命令：LIMITS
重新设置模型空间界限：
指定左下角点或[开(ON)/关(OFF)]<0.0000,0.0000>：(输入图形边界左下角的坐标后按[Space]键确认)
指定右上角点<420.0000,297.0000>：                (输入图形边界右上角的坐标后按[Space]键确认)
```

【选项说明】

（1）开（on）：表示打开图形界限检查，如果所绘图形超出了界限，则系统不绘制此图形并给出相应提示信息。

（2）关（off）：表示关闭图形界限检查，此时可在任意位置绘制图形。

在命令行中输入 Z（zoom），按［Space］键，此时命令行提示如下：

命令：Z

ZOOM

指定窗口的角点,输入比例因子(nX 或 nXP),或者

[全部(A)/中心(C)/动态(D)/范围(E)/上一个(P)/比例(S)/窗口(W)/对象(O)]<实时>:

输入"A"，按［Space］键，此时图形界限全部显示在屏幕上。

1.4 配置绘图系统

AutoCAD 可以由用户根据个人习惯、喜好和具体的绘图需要来对系统默认的绘图环境进行重新配置，其方法如下：

在菜单浏览器中单击"选项"按钮，或者在菜单栏中选择"工具"→"选项"命令，将打开如图 1−15 所示的"选项"对话框。该对话框共有 11 个选项卡，分别为"文件"选项卡、"显示"选项卡、"打开和保存"选项卡、"打印和发布"选项卡、"系统"选项卡、"用户系统配置"选项卡、"绘图"选项卡、"三维建模"选项卡、"选择集"选项卡、"配置"选项卡和"联机"选项卡。利用这些选项卡可以设置具体的配置项目。

图 1−15 "选项"对话框

比如，要调整绘图光标显示的大小，则需要切换到"显示"选项卡，在"十字光标大小"选项组中，输入一个有效的数值，或者拖动文本框右侧的滑块来选定十字光标的大小，如图 1−16 所示，然后单击"应用"按钮即可。

比如，用户想根据个人喜好设置二维模型空间的背景颜色为白色。可打开"显示"选项卡，在"窗口元素"选项组中单击"颜色"按钮，弹出"图形窗口颜色"对话框，确保"上

图 1-16 设置十字光标大小

下文"列表框中的"二维模型空间"选项处于被选中的状态，"界面元素"列表框选为"统一背景"，接着从"颜色"下拉列表框中选择"白"选项，如图 1-17 所示，单击"应用并关闭"按钮，然后在"选项"对话框中单击"确定"按钮。

再如，为了防止使用中出现异常，AutoCAD 默认在 .dwg 文件保存时自动生成 .bak 备份文件，如果不想生成备份文件，可打开"打开和保存"选项卡，将"每次保存时均创建备份副本（B）"前面的"√"取消掉，如图 1-51 所示，然后单击"确定"按钮。

图 1-17 设置空间背景颜色

1.5 文件管理操作

本节将介绍有关文件管理的一些基本操作方法，包括新建文件、打开已有文件、保存文件、删除文件等，这些都是进行 AutoCAD 操作的基础知识。

1.5.1　新建图形文件

在"快速访问"工具栏中单击"新建"按钮，或者单击"菜单浏览器"按钮并在弹出的菜单中选择"新建"→"图形"命令，系统弹出如图 1-18 所示的"选择样板"对话框。对于中国的用户，一般可以选择符合国标的公制样板，然后单击"打开"按钮。如果单击位于"打开"按钮右侧的下拉菜单，还可以从出现的下拉菜单中选择"无样板"→"打开"→"英制"选项或者"无样板打开"→"公制"选项，从而不使用样板文件来创建一个基于英制测量系统或公制测量系统的新图形文件。

图 1-18　选择样板

1.5.2　打开图形文件

在 AutoCAD 软件中，打开图形文件的方法主要有下列几种。

（1）单击"快速访问"工具栏中的"打开"按钮 。

（2）单击"菜单浏览器"按钮，接着将鼠标移至菜单的"打开"命令处以展开其下一级菜单，或者在菜单浏览器中单击位于"打开"命令右侧的"展开"按钮 来打开其下一级菜单，然后选择"图形"命令。

（3）在命令窗口的命令行中输入"OPEN"命令，按［Space］键。

（4）使用［Ctrl］+［O］组合键。

执行上述操作工具（命令）后，系统弹出如图 1-19 所示的"选择文件"对话框，选择所需要的图形文件，单击"打开"按钮即可。

在"文件类型"列表框中，用户可选.dwg 文件、.dws 文件、.dxf 文件和.dwt 文件。.dwg 文件是 AutoCAD 的图形文件，是 AutoCAD 软件的专用文件格式，一般机械 CAD 软件的加工图保存的都是这个格式，它可以转化为其他格式，如.dwf 模版文件；.dws 文件主要用在图层转换（laytrans）时使用，可以保留图层映射关系；.dxf 文件是用文本形式存储的图形文件，其能够被其他程序读取，许多第三方应用软件都支持.dxf 文件；.dwt 文件是包含标准图层、标注样式、线型和文字样式的样板文件。

图 1-19 "选择文件"对话框

1.5.3　保存图形文件

保存图形文件的方式主要有两种：一种是直接保存图形文件，其使用的菜单命令为"文件"→"保存"命令，其对应的工具按钮为"保存"按钮；另一种则是以"另存为"的方式保存图形文件，其使用的菜单命令为"文件"→"另存为"命令，其对应的工具按钮为"另存为"按钮。

如果是第一次为新图形文件执行保存操作，则会打开图 1-20 所示的"图形另存为"对话框。在该对话框中，可以指定文件保存的路径、文件名和文件类型等。

图 1-20 "图形另存为"对话框

AutoCAD 默认保存的文件格式为"*.dwg"格式。注意，如果要想以后使用低版本的 AutoCAD 来打开保存的文件，则需要将图形文件保存为某低版本格式的文件。

1.5.4 关闭图形文件

在不退出 AutoCAD 软件的情况下，关闭当前活动图形文件的方法主要有以下几种。

（1）单击当前图形文件的"关闭"按钮，或者按［Alt］+［F4］组合键。

（2）在菜单栏中选择"文件"→"关闭"命令，或者选择"窗口"→"关闭"命令。

（3）单击"菜单浏览器"按钮，接着从菜单浏览器中选择"关闭"命令，或展开"关闭"命令的下一级菜单并从中选择"当前图形"命令。

（4）在命令窗口的命令行中输入"CLOSE"，按［Space］键。

如果要一次关闭当前打开的所有（多个）图形文件，则可以在菜单栏中选择"窗口"→"全部关闭"命令；或者单击"菜单浏览器"按钮，并在菜单中展开"关闭"命令的下一级菜单，然后选择"所有图形"命令，如图 1−21 所示。

在关闭文件之前，倘若用户对图形内容进行了修改而未及时执行保存操作，那么在执行文件关闭操作的过程中，系统会弹出如图 1−22 所示的对话框，询问是否将改动保存到指定文件。

图 1−21　关闭当前打开的所有图形文件

图 1−22　询问是否保存文件

1.6 AutoCAD 操作基础

1.6.1 命令的执行方式

在 AutoCAD 中，命令执行的方式是比较灵活的。譬如，执行同一个操作命令，可以采用在命令行输入命令的方式，也可以使用工具按钮的执行方式，还可以通过选择菜单命令的操作方式等。用户可根据自己的操作习惯来灵活选择适合自己的命令执行方式。实践证明，在很多场合，多种执行方式的巧妙混合使用，能在一定程度上提高绘图效率。

1. 命令行输入命令的执行方式

命令行输入命令的执行方式是 AutoCAD 最为经典的操作方式。它具体的执行步骤是，在命令窗口的命令行中输入所需工具的命令或命令别名（有些命令具有缩写的名称，称为命令别名），按［Space］键、［Enter］键或鼠标右键，然后根据系统提示进一步完成绘图设置。

例如，要绘制一条直线，如图 1-23 所示，在命令行中输入 L（line），按［Space］键，接着在命令行中输入"0, 0"，按［Space］键确认第一点，再输入"150, 90"并按［Space］键确认第二点，从而由指定的两点绘制一条直线段。

图 1-23　在命令行中输入命令及参数

在命令行中输入命令后，需要了解当前命令行出现的文字提示信息。在文字提示信息中，"［］"中的内容为可供选择的选项，具有多选项时，各选项之间用"/"符号来隔开，如果要选择某个选项时，则可以在当前命令行中输入该选项圆括号中的选项标识（亮显字母），也可以使用鼠标在命令行中单击提示选项以选择它。在执行某些命令的过程中，若命令提示信息的最后有一个"<>"尖括号，该尖括号内的值或选项即为当前系统默认的值或选项，此时，若直接按［Space］键，则表示接受系统默认的当前值或选项。

例如，在命令行输入 Z（zoom）并按［Space］键，接着输入"A"以选择"全部"选项，如图 1-24 所示，最后按［Space］键确认。

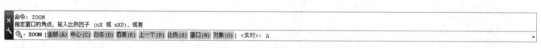

图 1-24　执行显示全部的操作

通过这种执行方式来进行绘图，要求用户必须熟记各常用工具的完整命令名称及其对应的命令别名。

【注意】

（1）在 AutoCAD 中，［Space］键、［Enter］键和鼠标右键都可以完成确认操作。大部分用户都习惯使用右手操作鼠标，所以左手使用［Space］键完成确认操作，这是最常用的方式。本书后续章节中，默认采用［Space］键完成确认操作。

（2）如果要取消在命令行输入的正在进行的命令操作，可以按［Esc］键。

（3）在命令窗口中按［Enter］键或［Space］键可重复调用上一个命令，不管上一个命令是完成了还是被取消了。

2. 使用工具按钮

使用工具栏或功能区面板中的工具按钮进行绘图，是较为直观的一种执行方式。该执行方式的一般操作步骤是，在工具栏或功能区面板中单击所需要的命令按钮，接着结合键盘与鼠标，并可利用命令行辅助执行余下的操作。

例如，在如图 2-1 所示的"绘图"工具栏中，单击"多边形"按钮⬠，接着根据命令行提示进行如下操作即可绘制一个正五边形。

命令行提示如下：

命令：POLYGON

输入侧面数<4>:5

指定正多边形的中心点或[边(E)]:60,60

输入选项[内接于圆(I)/外切于圆(C)]<I>:

指定圆的半径:20

3. 执行菜单命令

执行菜单命令是通过菜单栏相关菜单命令或鼠标右键快捷菜单中的相关命令来执行的，而余下操作步骤则可以根据命令行提示来完成。

例如，要在图形区域绘制一个圆，该圆半径为 60，圆心位置为（30, 50）。绘制步骤如下：

（1）从图 1-25 所示的"绘图"菜单中选择"圆"→"圆心、半径"命令。

（2）根据命令行提示进行如下操作步骤。

命令：CIRCLE

指定圆的圆心或[三点(3P)/两点(2P)/切点、切点、半径(T)]:30,50

指定圆的半径或[直径(D)]:60

所绘制的圆的效果如图 1-26 所示。

图 1-25 选择菜单命令

图 1-26 绘制的圆

1.6.2 视图缩放

缩放命令用来改变视图的显示比例，以便操作者在不同的比例下观察图形，缩放工具菜单如图 1-27 所示。

命令的调用方法有如下几种：

（1）从菜单中执行"视图"→"缩放"命令。

（2）通过单击"标准"工具条中"缩放"按钮 来调用。

（3）在命令行中输入 Z（zoom），按［Space］键。

（4）使用鼠标滚轮。

执行命令后，命令行提示如下：

图 1-27 缩放工具菜单

命令：ZOOM	(执行缩放命令)

指定窗口的角点,输入比例因子(nX 或 nXP),或者

[全部(A)/中心(C)/动态(D)/范围(E)/上一个(P)/比例(S)/窗口(W)/对象(O)]<实时>：

(选择窗口缩放形式)

【选项说明】

（1）全部（A）：用于在当前视口中显示整个图形，大小取决于图形界限设置或有效绘图区域的大小，在平面视图中，将图形缩放到栅格界限或当前范围两者中较大的区域中。在三维视图中，ZOOM 的"全部"选项与它的"范围"选项等价，即使图形超出了栅格界限也能显示所有对象。

（2）中心（C）：缩放显示由中心点和放大比例（或高度）所定义的窗口高度值较小时增加放大比例，高度值较大时减小放大比例，该选项要求确定一中心点和放大比例。命令行继续提示如下信息：

指定中心点：	(指定点)
输入比例或高度<当前值>：	(输入值或按［Space］键默认当前值)

（3）动态（D）：动态缩放是通过定义一个视图框，显示选定的图形区域。而且用户可以移动视图框和改变视图框的大小。进入动态缩放模式时，在屏幕中将显示一个带"×"的矩形框，该矩形框表示新的窗口，移动鼠标可以确定矩形框的大小。单击鼠标左键，此时选择窗口中心的"×"消失，显示一个位于右边框的方向箭头，拖动鼠标可改变选择窗口的大小，以确定选择区域大小，最后按下［Space］键，即可缩放图形。

（4）范围（E）：该选项将图形在视口内最大限度地显示出来，由于它总是引起视图重生成，所以不能透明执行。

（5）上一个（P）：缩放显示上一个视图。最多可恢复此前的 10 个视图。

（6）比例（S）：以指定的比例因子缩放显示。

（7）窗口（W）：缩放显示由两个角点定义的矩形窗口框定的区域。

（8）对象（O）：缩放以便尽可能大地显示一个或多个选定的对象并使其位于绘图区域的中心。可以在启动 ZOOM 命令之前或之后选择对象。

（9）实时：该选项用于交互缩放当前图形窗口。选择该项后，光标变为带有加号"＋"和减号"－"的放大镜，按住光标向上移动将放大视图，按住光标向下移动将缩小视图。

1.6.3　视图平移

视图平移命令不改变显示窗口的大小、图形中对象的相对位置和比例，只是重新定位图形的位置。就像一张图纸放在面前，你可以来回移动图纸，把要观察的部分移到眼前一样，使图中的特定部分位于当前的视口中，以便查看图形的不同部分。用户除了可以左、右、上、下平移视图外，还可以使用"实时"平移和"定点"平移两种模式。

1. 实时平移

实时平移命令的调用方法有以下 4 种：

（1）菜单命令："视图"→"平移"→"实时"；

（2）通过单击"标准"工具条中"实时平移"按钮🖐；

（3）在命令行中输入 P（pan），按［Space］键；

（4）按住鼠标中键实现平移。

启动实时平移命令后光标变为手形光标，按住鼠标上的拾取键可以锁定光标于相对视口坐标系的当前位置，图形显示随光标向同一方向移动。当显示到所需的部位释放拾取键则平移停止，用户可根据需要调整鼠标，以便继续平移图形。

任何时候要停止平移按［Esc］键或［Space］键结束操作。

2. 定点平移

定点平移的调用方法如下：菜单命令："视图"→"平移"→"定点"。

该模式可通过指定基点和位移值来移动视图。按命令行的提示，给定两个点的坐标或在屏幕上拾取两个点，AutoCAD 会计算出这两个点之间的距离和移动方向，相应地把图形移到指定的位置。

1.6.4 数据的输入方法

在 AutoCAD 中，点的坐标可以用直角坐标、极坐标、球面坐标和柱面坐标表示，每一种坐标又分别具有两种坐标输入方式：绝对坐标和相对坐标。其中直角坐标和极坐标最为常用，下面主要介绍一下它们的输入方法。

1. 直角坐标法

直角坐标是指用点的 X、Y 坐标值表示的坐标。例如：在命令行中输入点的坐标提示下，输入"15, 20"，则表示输入了一个 X、Y 的坐标值分别为 15、20 的点，此为绝对坐标输入方式，表示该点的坐标是相对于当前坐标原点的坐标值，如图 1-28（a）所示。如果输入"@15, 20"，则为相对坐标输入方式，表示该点的坐标是相对于前一点的坐标值，如图 1-28（c）所示。

2. 极坐标法

极坐标是指用长度和角度表示的坐标，它只能用来表示二维坐标系下的点。点在绝对坐标输入方式下，表示为："长度<角度"，如"20<60"，其中长度 20 表示该点到坐标原点的距离，角度为该点至原点的连线与 X 轴正向的夹角为 60°，如图 1-28（b）所示。

图 1-28 数据输入方法

在相对坐标输入方式下，表示为："@长度<角度"，如"@20<45"其中长度 20 为该点到前一点的距离，角度 45 为该点至前一点的连线与 X 轴正向的夹角，如图 1-28（d）所示。

1.6.5 重画和重生成

1. 重画

在图形编辑过程中，删除一个图形对象时，其他与之相交或重合的图形对象从表面上看也会受到影响，留下对象的拾取标记，或者在绘图过程中可能会出现光标痕迹。用"重画"刷新可达到图纸干净的效果，清除这些临时标记。

重画命令的调用方法有以下两种：

（1）菜单命令："视图"→"重画"；

（2）在命令行中输入 R（redraw），按［Space］键。

这个命令是透明命令，并且可以同时更新多个视口。

2. 重生成

为了提高显示速度，图形系统采用虚拟屏幕技术保存了当前最大显示窗口的图形矢量信息。由于曲线和圆在显示时分别是用折线和正多边形矢量代替的，相对于屏幕较小的圆，多边形的边数也较少，因此放大之后就显得很不光滑。重生成即按当前的显示窗口对图形重新进行裁剪、变换运算，并刷新帧缓冲器，因此不但图纸干净，而且曲线也比较光滑。

重生成与重画在本质上是不同的，利用"重生成"命令可以重生成屏幕，此时系统从磁盘中调用当前图形的数据，比"重画"命令执行的速度慢，更新屏幕花费时间较长。

1.6.6　透明命令

在 AutoCAD 中有些命令不仅可以直接在命令行中使用，而且还可以在其他命令的执行过程中插入并执行，待该命令执行完毕后，系统继续执行原命令，这种命令称为透明命令。

透明命令一般多为修改图形设置或打开辅助绘图工具的命令。比如，在利用"直线"命令画线时，单击第一点而没有单击下一点的情况下，可以更改"捕捉""栅格""正交"和"极轴"等状态。

1.7　图　层　设　计

AutoCAD 提供了图层工具，对每个图层规定其颜色和线型，并把具有相同特征的图形对象放在同一层上绘制，这样绘图时不用分别设置对象的线型和颜色，不仅方便绘图，而且存储图形时只需存储其几何数据和所在图层，因而既节省了存储空间，又可以提高工作效率。

图层的概念类似投影片，将不同属性的对象分别画在不同的投影片（图层）上，例如将图形的主要线段、中心线和尺寸标注等分别画在不同的图层上，每个图层可设定不同的线型、线条颜色和宽度，然后把不同的图层堆栈在一起成为一张完整的视图，如此可使视图层次分明有条理，方便图形对象的编辑与管理。一个完整的图形就是其所包含的所有图层上的对象叠加在一起，如图 1-29 所示。

在用图层功能绘图之前，首先要对图层的各项特性进行设置，包括建立和命名图层，设置当前图层，设置图层的颜色和线型，图层是否关闭、是否冻结、是否锁定以及图层删除等。

图 1-29　图层效果

本节主要对图层的这些相关操作进行介绍。

1.7.1　设置图层

AutoCAD 提供了详细直观的"图层特性管理器"对话框，用户可以方便地通过对该对话框中的各选项及其二级对话框进行设置，从而实现建立新图层、设置图层颜色及线型等各种操作。

1. 命令调用

（1）从菜单中执行"格式"→"图层"命令；

（2）单击"图层"工具条中的"图层特性管理器"按钮 ；

（3）在命令行中输入 LA（layer），按［Space］键。

2. 操作步骤

单击"图层特性管理器"按钮，系统打开如图 1-30 所示的对话框。

图 1-30　"图层特性管理器"对话框

【选项说明】

（1）"新特性过滤器"按钮 ：显示"图层过滤器特性"对话框，如图 1-31 所示。从中可以基于一个或多个图层特性创建图层过滤器。

图 1-31　"图层特性过滤器"对话框

（2）"新建组过滤器"按钮 ：创建一个图层过滤器，其中包含用户选定并添加到该过滤器的图层。

图 1-32　"图层状态管理器"对话框

（3）"图层状态管理器"按钮 🖴：显示"图层状态管理器"对话框，如图 1-32 所示。从中可以将图层的当前特性设置保存到命名图层状态中，以后可以再恢复这些设置。

（4）"新建图层"按钮 🖋：建立新图层。单击此按钮，图层列表中出现一个新的图层名字"图层 1"，用户可使用此名字，也可改名。要想同时产生多个图层，可选中一个图层名后，输入多个名字，各名字之间以逗号分隔。图层的名字可以包含字母、数字、空格和特殊符号。新的图层继承了建立新图层时所选中的已有图层的所有特性（颜色、线型、ON/OFF 状态等），如果新建图层时没有图层被选中，则新图层具有默认的设置。

（5）"删除图层"按钮 ✖：删除所选层。在图层列表中选中某一图层，然后单击此按钮，则把该层删除。

（6）"置为当前"按钮 ✔：设置当前图层。在图层列表中选中某一图层，然后单击此按钮，则把该层设置为当前层，并在"当前图层"一栏中显示其名字。当前层的名字存储在系统变量 CLAYER 中。另外，双击图层名也可把该层设置为当前层。

（7）"搜索图层"文本框：输入字符时，按名称快速过滤图层列表。关闭图层特性管理器时并不保存此过滤器。

（8）"反向过滤器"复选框：打开此复选框，显示所有不满足选定图层特性过滤器中条件的图层。

（9）"应用到图层工具栏"复选框：通过应用当前图层过滤器，可以控制"图层"工具栏上图层列表中图层的显示。

（10）"指示正在使用的图层"复选框：在列表视图中显示图标以指示图层是否处于使用状态。在具有多个图层的图形中，清除此选项可提高性能。

（11）图层列表区：显示已有的图层及其特性。要修改某一图层的某一特性，单击它所对应的图标即可。右键单击空白区域或利用快捷菜单可快速选中所有图层。列表区中各列的含义如下。

① 名称：显示满足条件的图层的名字。如果要对某层进行修改，首先要选中该层，使其逆反显示。

② 状态转换图标：在"图层特性管理器"窗口的名称栏分别有一列图标，移动指针到图标上单击可以打开或关闭该图标所代表的功能，各图标功能说明见表 1-2。

表 1-2　状态转换图标

图示	名称	功能说明
💡/💡	打开/关闭	将图层设定为打开或关闭状态，当呈现关闭状态时，该图层上的所有对象将隐藏不显示，只有打开状态的图层会在屏幕上显示或由打印机打印出来。因此，绘制复杂的视图时，先将不编辑的图层暂时关闭，可降低图形的复杂性。图 1-33（a）和图 1-33（b）分别表示尺寸标注图层打开和关闭的情形

续表

图示	名称	功能说明
☼ / ❄	解冻/冻结	将图层设定为解冻或冻结状态。当图层呈现冻结状态时，该图层上的对象均不会显示在屏幕上或由打印机打出，而且不会执行重生（REGE）、缩放（ROOM）、平移（PAN）等命令的操作，因此若将视图中不编辑的图层暂时冻结，可加快执行绘图编辑的速度。而（打开/关闭）功能只是单纯将对象隐藏，因此并不会加快执行速度
🔓 / 🔒	解锁/锁定	将图层设定为解锁或锁定状态。被锁定的图层仍然显示在画面上，但不能以编辑命令修改被锁定的对象，只能绘制新的对象，如此可防止重要的图形被修改
🖨 / 🖨	打印/不打印	设定该图层是否可以打印图形

(a)   (b)

图1-33 打开或关闭尺寸标注图层

(a) 打开；(b) 关闭

③ 颜色：显示和改变图层的颜色。如果要改变某一层的颜色，单击其对应的颜色图标，AutoCAD打开如图1-34所示的"选择颜色"对话框，用户可从中选取需要的颜色。

④ 线型：显示和修改图层的线型。如果要修改某一层的线型，单击该层的"线型"项，打开"选择线型"对话框，如图1-35所示，其中列出了当前可用的线型，用户可从中选取。具体内容在下节进行详细介绍。

图1-34 "选择颜色"对话框

图1-35 "选择线型"对话框

图 1-36 "线宽"对话框

⑤ 线宽：显示和修改图层的线宽。如果要修改某一层的线宽，单击该层的"线宽"项，打开"线宽"对话框，如图 1-36 所示，其中列出了 AutoCAD 设定的线宽，用户可从中选取。其中"线宽"列表框显示可以选用的线宽值，包括一些绘图中经常用到线宽，用户可从中选取需要的线宽。"旧的"显示行显示前面赋予图层的线宽。当建立一个新图层时，采用默认线宽（其值为 0.01 in，即 0.25 mm），默认线宽的值由系统变量 LWDEFAULT 设置。"新的"显示行显示赋予图层的新的线宽。

⑥ 打印样式：修改图层的打印样式，所谓打印样式是指打印图形时各项属性的设置。

AutoCAD 提供了一个"特性"工具栏，如图 1-37 所示。用户能够控制和使用工具栏上的工具图标快速地查看和改变所选对象的图层、颜色、线型和线宽等特性。"特性"工具栏上的图层颜色、线型、线宽和打印样式的控制增加了查看和编辑对象属性的命令。在绘图屏幕上选择任意对象都会在工具栏上自动显示它所在的图层、颜色和线型等属性。下面把"特性"工具栏各部分的功能简单进行说明。

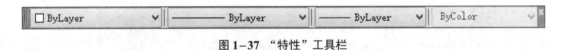

图 1-37 "特性"工具栏

（12）"颜色控制"下拉列表框：单击右侧的向下箭头，弹出一下拉列表，用户可从中选择使之成为当前颜色，如果选择"选择颜色"选项，AutoCAD 打开"选择颜色"对话框以选择其他颜色。修改当前颜色之后，不论在哪个图层上绘图都采用这种颜色，但对各个图层的颜色没有影响。

（13）"线型控制"下拉列表框：单击右侧向下箭头，弹出下拉列表，用户可从中选择某一线型使之成为当前线型。修改当前线型之后，不论在哪个图层上绘图都采用这种线型，但对各个图层的线型设置没有影响。

（14）"线宽"下拉列表框：单击右侧向下箭头，弹出下拉列表，用户可从中选择一个线宽使之成为当前线宽。修改当前线宽之后，不论在哪个图层上绘图都采用这种线宽，但对各个图层的线宽设置没有影响。

（15）"打印类型控制"下拉列表框：单击右侧的向下箭头，弹出一下拉列表，用户可从中选择一种打印样式使之成为当前打印样式。

1.7.2　图层的线型

在国家标准中对机械图样中使用的各种图线的名称、线型、线宽以及在图样中的应用作了规定，如表 1-3 所示，其中常用的图线有 4 种，即：粗实线、细实线、虚线和细点画线。另外，图线分为粗、细两种，粗线的宽度 b 应按图样的大小和图形的复杂程度，在 0.5～2.0 mm 之间选择，细线的宽度约为 b/2。

表 1-3 图线的型式及应用

图线名称	线型	线宽	主要用途
粗实线	——————	b	可见轮廓线、可见过渡线
细实线	——————	约 b/2	尺寸线、尺寸界限、剖面线、引出线、弯折线、牙底线、齿根线、辅助线等
细点画线	—·—·—·—	约 b/2	轴线、对称中心线、齿轮节线等
虚线	— — — —	约 b/2	不可见轮廓线、不可见过渡线
波浪线	～～～～	约 b/2	断裂处的边界线、剖视与视图的分界线
双折线	─〜─〜─	约 b/2	断裂处的边界线
粗点画线	—·—·—·—	b	有特殊要求的线或面的表示线
双点画线	—··—··—	约 b/2	相邻辅助零件的轮廓线、极限位置的轮廓线、假想投影的轮廓线

按照上节的讲述方法，打开"图层特性管理器"对话框，如图 1-30 所示。单击图层列表中的任意线型，系统打开"选择线型"对话框，如图 1-35 所示。对话框中选项含义如下。

（1）"已加载的线型"列表框：显示在当前绘图中加载的线型，可供用户选用，其右侧显示出线型的形式。

（2）"加载"按钮：单击此按钮，打开"加载或重载线型"对话框，如图 1-38 所示，用户可通过此对话框加载线型并把它添加到线型列表中，不过加载的线型必须在线型库（LIN）文件中定义过。标准线型都保存在 acad.lin 文件中。

1.7.3 实例：机械零件图形

利用图层命令绘制如图 1-39 所示的机械零件图形。

图 1-38 "加载或重载线型"对话框

图 1-39 机械零件图形

绘制步骤如下:

(1) 利用"图层"命令,打开"图层特性管理器"对话框。

(2) 单击"新建"按钮创建一个新层,把该层的名字由默认的"图层 1"改为"中心线",如图 1-40 所示。

图 1-40　更改图层名

(3) 单击"中心线"层对应的"颜色"项,打开"选择颜色"对话框,选择红色为该层颜色,如图 1-41 所示。确认返回"图层特性管理器"对话框。

(4) 单击"中心线"层对应"线型"项,打开"选择线型"对话框,如图 1-42 所示。

图 1-41　选择颜色

图 1-42　选择线型

(5) 在"选择线型"对话框中,单击"加载"按钮,系统打开"加载或重载线型"对话框,选择 CENTER 线型,如图 1-43 所示,确认退出。

在"选择线型"对话框中选择 CENTER(点画线)为该层线型,确认返回"图层特性管理器"对话框。

(6) 单击"中心线"层对应的"线宽"项,打开"线宽"对话框,选择 0.25 mm 线宽,如图 1-44 所示,确认退出。

图 1-43　加载新线型

图 1-44　选择线宽

（7）用相同的方法再建立两个新层，分别命名为"轮廓线"和"尺寸线"。"轮廓线"层的颜色设置为白色，线型为 Continuous（实线），线宽为 0.5 mm。"尺寸线"层的颜色设置为绿色，线型为 Continuous（实线），线宽为 0.25 mm。并且让三个图层均处于打开、解冻和解锁状态，各项设置如图 1-45 所示。

图 1-45　设置图层

（8）选中"中心线"层，单击"当前"按钮，将其设置为当前层，然后确认关闭"图层特性管理器"对话框。

（9）在当前层"中心线"层上绘制图 1-39 中的两条中心线，如图 1-46 所示。

（10）单击"图层"工具栏中图层下拉列表的按钮，将"轮廓线"层设置为当前层，并在其上绘制图 1-39 中的主体图形，如图 1-47 所示。

图 1-46　绘制中心线

图 1-47　绘制主体图形

（11）将当前层设置为"尺寸线"层，并在"尺寸线"层上进行尺寸标注（后面讲述）。最终绘制结果如图 1-39 所示。

1.7.4　颜色的设置

AutoCAD 绘制的图形对象都具有一定的颜色，为使绘制的图形清晰明了，可把同一类的图形对象用相同的颜色绘制，而使不同类的对象具有不同的颜色以示区分。为此，需要适当地对颜色进行设置。AutoCAD 允许用户为图层设置颜色，为新建的图形对象设置当前颜色，还可以改变已有图形对象的颜色。

单击相应的菜单项或在命令行输入 COLOR 命令后按［Space］键确认，AutoCAD 打开如图 1-48 所示的"选择颜色"对话框。也可在图层操作中打开此对话框，具体方法上节已述。对话框中选项含义如下：

（1）"索引颜色"标签：打开此标签，可以在系统所提供的 255 色索引表中选择所需要的颜色，如图 1-48 所示。

①"颜色索引"列表框：依次列出了 255 种索引色。可在此选择所需要的颜色。

②"颜色"文本框：所选择的颜色的代号值显示在"颜色"文本框中，也可以直接在该文本框中输入自己设定的代号值来选择颜色。

③"ByLayer"和"ByBlock"按钮：选择这两个按钮，颜色分别按图层和图块设置。这两个按钮只有在设定了图层颜色和图块颜色后才可以利用。

（2）"真彩色"标签：打开此标签，可以选择需要的任意颜色，如图 1-49 所示。可以拖动调色板中的颜色指示光标和"亮度"滑块选择颜色及其亮度。也可以通过"色调""饱和度"和"亮度"调节钮来选择需要的颜色。所选择颜色的红、绿、蓝值显示在下面的"颜色"文本框中，也可以直接在该文本框中输入自己设定的红、绿、蓝值来选择颜色。

在此标签的右边，有一个"颜色模式"下拉列表框，默认的颜色模式为 HSL 模式，即如图 1-49 所示的模式。如果选择 RGB 模式，则如图 1-49 所示。在该模式下选择颜色方式与 HSL 模式下类似。

图 1-48　"索引颜色"标签

图 1-49　"真彩色"标签 RGB 模式

（3）"配色系统"标签：打开此标签，可以从标准配色系统中选择预定义的颜色，如图 1-50 所示。可以在"配色系统"下拉列表框中选择需要的系统，然后拖动右边的滑块来选择具体的颜色，所选择的颜色编号显示在下面的"颜色"文本框中，也可以直接在该文本框中输入编号值来选择颜色。

图 1-50　"配色系统"标签

1.8　课　堂　实　训

根据表 1-4 中的要求创建图层。

表 1-4　创建图层设置要求

图线名称	颜色	线型	线宽/mm
粗实线	白	Continuous	0.5
细实线	白	Continuous	0.25
虚线	洋红	HIDDENX2	0.25
中心线	红	CENTER	0.25
尺寸线	绿	Continuous	0.25
剖面线	蓝	Continuous	0.25

可参考 1.7.3 节的内容自行设置。

1.9　课　后　练　习

根据 1.4 和 1.5 节所学内容，利用 AutoCAD 的选项设置，如图 1-51 所示，将文件的保存格式设置为 AutoCAD 2004；将自动保存当前处理文件的时间间隔设置为 10 分钟。

图 1-51 "打开和保存"选项卡

操作步骤如下：

（1）在菜单浏览器中单击"选项"按钮，弹出"选项"对话框，然后切换至"打开和保存"选项卡，如图 1-51 所示。

（2）在"文件保存"选项组中，选择下拉菜单中的"AutoCAD 2004/LT2004 图形（*.dwg）"选项。

（3）在"文件安全措施"选项组中选择"自动保存"复选框，并在其下的文本框中设置"保存间隔分钟数"为 10，表示文件每隔 10 分钟即自动保存一次，最后单击"确定"按钮完成上述设置。

第 2 章　二维图形的绘制

AutoCAD 绘图命令是绘制工程图样的基本命令，用户能否准确、灵活、高效地绘制图形，关键在于是否熟练掌握绘图命令及其应用技巧。本章将重点讲解点、直线和射线、圆和圆弧、正多边形、样条曲线、图案填充与面域等的绘制方法。AutoCAD 提供的常用绘图工具都集中在如图 2-1 所示的"绘图"工具栏中，其对应的菜单命令如图 2-2 所示。

图 2-1　"绘图"工具栏

图 2-2　菜单中的绘图命令

2.1　点 的 绘 制

点是 AutoCAD 中组成图形对象的最基本元素，在 AutoCAD 中点的绘制有单点、多点、定数等分点和定距等分点四种。下面介绍点的绘制方法。

2.1.1 功能

在相应位置绘制点。

2.1.2 点的样式设置

在 AutoCAD 中，点的默认样式为小圆点，也可以方便地调整点的样式及大小，选择"格式"→"点样式 "，在 AutoCAD 弹出的"点样式"对话框（如图 2-3 所示）中进行设置。该对话框给出了二十种点的样式，用鼠标单击任何一种样式，方框反黑显示，表示选中。在"点大小"文本框中输入需要绘制点的大小，"相对于屏幕设置大小"和"按绝对单位设置大小"单选按钮决定了点大小的控制方法，完成设置后单击"确定"，关闭对话框，退出设置。

图 2-3 "点样式"对话框

2.1.3 单点的绘制

单点的绘制过程为选择"绘图"→"点"→"单点"，输入需要绘制点的位置坐标或用鼠标选取点的绘制位置，则完成单点的绘制。

2.1.4 多点的绘制

（1）命令调用：

① 从菜单中执行"绘图"→"点"→"多点"命令；

② 单击"绘图"工具栏中的"点"按钮 ，调用多点命令；

③ 在命令行中输入 PO（point），按［Space］键，调用多点命令。

（2）多点的绘制与单点相同，只是在完成一点绘制后不自动退出命令，可连续绘制下一点。

2.1.5 定数等分点的绘制

（1）命令调用：

① 从菜单中执行"绘图"→"点"→"定数等分点"命令；

② 在命令行中输入 DIV（divide），按［Space］键，调用定数等分点命令。

（2）定数等分点是指在一定距离内按指定的数目绘制多个点，这些点之间的距离均匀分布。

（3）操作示例：

通过对点样式和大小的设置将图 2-4 所示的圆形 8 等分，命令示例如下：

命令：DIV	（执行定数等分点命令）
DIVIDE	
选择要定数等分的对象：	（选择要定数等分的图形，图 2-4 所示的圆）
输入线段数目或[块(B)]:8	（输入等分的数量，本示例中为 8 份，按［Space］键确定）

2.1.6　定距等分点的绘制

（1）命令调用：

① 从菜单中执行"绘图"→"点"→"定距等分点"命令；

② 在命令行中输入 ME（measure），按［Space］键，调用定距等分点命令。

（2）定距等分点是指按指定的距离，在指定对象上的一定范围内绘制多个点。

（3）操作示例：

图 2-4　定数分点操作实例

将图 2-5 所示的线段 AB 从端点 A 开始，以每隔 10 个单位插入一点的定距等分效果。

图 2-5　定距等分线段 AB

命令示例如下：

命令：ME	（执行定距等分点命令）
MEASURE	
选择要定距等分的对象：	（选择要定距等分的图形,靠近 A 端选择线段 AB）
指定线段长度或[块(B)]:10	（输入等分的数量,本示例中为 10 mm,按［Space］键确定）

定距等分点和定数等分点命令的使用方法相似，但定距等分点命令将点的位置放置在离拾取对象最近的端点处，从此端点开始以相等的距离计算度量点，直至余下的部分不足一个间距为止。

2.2　直线的绘制

直线是机械绘图中出现最多的几何元素，在 AutoCAD 中的绘制包括直线、射线和构造线。实际绘图过程中，针对不同的需求灵活选择不同类型的直线可以提高绘图速度。

2.2.1　直线命令

1. 功能

"直线"命令用于绘制直线段。直线段是由起点和端点决定的图形对象。连续绘制的多段直线段相互之间是独立的，不是一个整体的图形对象，单独编辑其中的任一线段对其他线段不产生影响。

2. 命令调用

（1）从菜单中执行"绘图"→"直线"命令；

（2）单击"绘图"工具栏中的"直线"按钮；

（3）在命令行中输入 L（line），按［Space］键。

3. 操作示例

要绘制如图 2-6 的图形，命令提示如下：

命令：LINE	
指定第一点：	（执行直线命令，指定直线第一点 A）
指定下一点或[放弃(U)]:@0,-100	（输入 B 点相对 A 点的坐标，按[Space]键确定，绘制直线段 AB）
指定下一点或[放弃(U)]:@ 100,0	（输入 C 点相对 B 点的坐标，按[Space]键确定，绘制直线段 BC）
指定下一点或[闭合(C)/放弃(U)]:C	（输入 C 使直线段闭合，按[Space]键确定，绘制直线段 CA）

图 2-6　直线命令应用

【选项说明】

（1）指定第一点：指定直线段的起点，可以使用光标选择点，也可以输入起点的坐标。

（2）指定下一点：指定该直线段的终点坐标，可以使用光标选择点，也可以输入起点的坐标，还可以利用光标指定相应的方向输入距离，可连续绘制，绘制结束后单击[Space]键确认完成绘制。

（3）闭合（C）：使画出的折线段首尾连接，形成封闭图形，并结束命令。

（4）放弃（U）：取消刚刚绘制的直线段，可连续取消直至线段起点。

2.2.2　构造线命令

1. 功能

构造线是在屏幕上产生的向两端无限延长的直线，他没有起点和终点，在绘图中通常用于绘制辅助线。

2. 命令调用

（1）从菜单中执行"绘图"→"构造线"命令；

（2）单击"绘图"工具条中的"构造线"按钮 ；

（3）在命令行中输入 XL（xline），按[Space]键。

3. 操作示例

要绘制如图 2-7 所示角度的二等分线，命令提示如下：

命令：XLINE	
指定点或[水平(H)/垂直(V)/角度(A)/二等分(B)/偏移(O)]:B	
	（执行构造线命令，选择绘制构造线的方式，二等分方式）
指定角的顶点：	（指定顶点 O）
指定角的起点：	（指定角度起点 C）
指定角的端点：	（指定角度端点 A）
指定角的端点：	（按[Space]键确认）

【选项说明】

（1）指定点：给出构造线上的一点，系统接着提示指定通过点，过两点绘制出一条无限长的直线。

（2）水平或垂直：绘制一系列平行于 X 轴或平行于 Y 轴的构造线。

（3）角度：绘制一系列带有倾角的构造线。

图 2-7　绘制等分角度的构造线

（4）二等分：用来对角进行平分，要求首先指定角的顶点，然后分别指定构成此角的两条边上的两个点，从而绘制出通过该角顶点的无线长的角平分线。

（5）偏移：绘制距离已知直线一定距离的平行线。

2.2.3　射线命令

1. 功能

射线是指向一个方向无限延伸的直线，它有起点但没有终点。

2. 命令调用

（1）从菜单中执行"绘图"→"射线"命令；

（2）单击"绘图"工具条中的"射线"按钮；

（3）在命令行中输入 RAY，按［Space］键。

3. 操作示例

要绘制如图 2-8 所示的以 A 点为起点，通过 B 点的射线，命令提示如下：

命令：RAY	(执行射线命令)
指定角的起点：	(指定角度起点 A)
指定通过点：	(指定角度端点 B)
指定通过点：	(按［Space］键确认)

图 2-8　绘制射线

2.3　圆、弧类的绘制

在 AutoCAD 中圆、圆弧、椭圆和椭圆弧都属于曲线对象，它们的绘制方式多样，绘制这类曲线时需要根据已知的条件灵活选择绘制方式。

2.3.1　圆命令

1. 功能

"圆"命令用于在指定位置绘制圆，包括过三点或两点，已知圆心、半径或直径，与两个或三个对象相切等方式绘制圆。

2. 命令调用

（1）从菜单中执行"绘图"→"圆"命令；

（2）单击"绘图"工具条中的"圆"按钮；

（3）在命令行中输入 C（circle），按［Space］键。

AutoCAD 给出六种绘制圆的方式，如图 2-9 所示。

图 2-9　绘制圆的方法
（a）圆心和半径方式；（b）圆心和直径方式；（c）两点方式；（d）三点方式；
（e）相切、相切和半径方式；（f）相切、相切和相切方式

3. 操作示例

1）通过"圆心、半径或直径"的方式绘制圆

通过指定圆心绘制圆的方式为系统的默认方式，如图 2-10 所示，现分别以 O_1 为圆心、50 为半径以及 O_2 为圆心、100 为直径为例介绍其命令操作：

```
命令：CIRCLE
指定圆的圆心或[三点(3P)/两点(2P)/切点、切点、半径(T)]：
                                    (执行圆命令，指定圆心 O₁)
指定圆的半径或[直径(D)]:50          (输入圆的半径50,按[Space]键确定)
命令：CIRCLE
指定圆的圆心或[三点(3P)/两点(2P)/切点、切点、半径(T)]
                                    (执行圆命令，指定圆心 O₂)
指定圆的半径或[直径(D)]<50.0000>:D  (输入 D 选择直径的绘制方式)
指定圆的直径<100.0000>:100 (输入圆的直径100,由于此时默认值为100,也可直接按[Space]键确定)
```

（a）　　　　　　　　　　　（b）

图 2-10　"圆心、半径或直径"绘图应用

2）通过"三点"的方式绘制圆

通过指定三点绘制圆，如图 2-11 所示，现以通过点 A、点 B 和点 C 绘制圆为例介绍其命

令操作：

命令：CIRCLE
指定圆的圆心或[三点(3P)/两点(2P)/切点、切点、半径(T)]：3P
　　　　　　　　　　　　　　　　　（执行圆命令,输入 3P 选择三点绘制圆的方式）
指定圆上的第一个点：　　　　　　　（选择圆上第一点 A）
指定圆上的第二个点：　　　　　　　（选择圆上第二点 B）
指定圆上的第三个点：　　　　　　　（选择圆上第三点 C）

这里选择三点的顺序变化对结果没有影响。

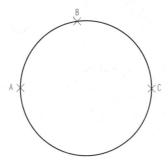

图 2-11　"三点"的方式绘制圆

3）通过"两点"的方式绘制圆

通过指定圆直径上的两点绘制圆，如图 2-12 所示，现以通过点 A、B 绘制圆为例介绍其命令操作：

命令：CIRCLE
指定圆的圆心或[三点(3P)/两点(2P)/切点、切点、半径(T)]：2P
　　　　　　　　　　　　　　　　　（执行圆命令,输入 2P 选择三点绘制圆的方式）
指定圆直径的第一个端点：　　　　　（选择圆直径上第一点 A）
指定圆直径的第二个端点：　　　　　（选择圆直径上第二点 B）

4）通过"相切、相切、半径"的方式绘制圆

通过指定与圆相切的两个图形以及圆的半径绘制圆，如图 2-13 所示，现以绘制与圆 O_1 相切于 A 点、与圆 O_2 相切于 B 点、半径为 50 的圆为例介绍其命令操作。

图 2-12　"两点"的方式绘制圆

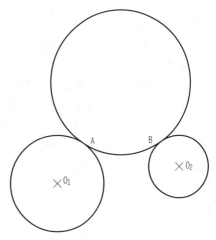

图 2-13　"相切、相切、半径"的方式绘制圆

> 命令：CIRCLE
> 指定圆的圆心或[三点(3P)/两点(2P)/切点、切点、半径(T)]：T
> （执行圆命令，输入T选择切点、切点、半径绘制圆的方式）
> 指定对象与圆的第一个切点：　（选择与 O_1 圆的切点 A）
> 指定对象与圆的第二个切点：　（选择与 O_2 圆的切点 B）

5）通过"相切、相切、相切"的方式绘制圆

单击"绘图"工具条中"圆"按钮 ⊘，选择"相切、相切、相切"调用命令。该命令通过指定与圆相切的三个图形绘制圆，如图 2-14 所示，现以绘制与圆 O_1、圆 O_2 和直线 L 相切的圆为例介绍其操作，命令操作如下：

> 命令：CIRCLE
> 指定圆的圆心或[三点(3P)/两点(2P)/切点、切点、半径(T)]：_3p 指定圆上的第一个点：_tan 到
> （选择"相切、相切、相切"的方式绘制圆，选取相切对象直线 L）
> 指定圆上的第二个点：_tan 到　（选择圆直径上第一点 A）
> 指定圆上的第三个点：_tan 到　（选择圆直径上第二点 B）

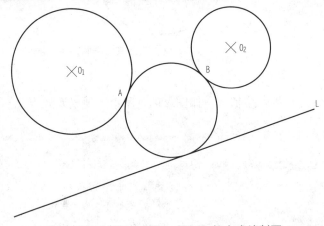

图 2-14 "相切、相切、相切"的方式绘制圆

2.3.2　圆弧命令

1. 功能

"圆弧"命令用于绘制给定参数的圆弧，包括圆弧的起点、端点、圆心、半径和角度等信息绘制圆弧。在默认情况下，AutoCAD 将以逆时针方向为正绘制圆弧。

2. 命令调用

（1）从菜单中执行"绘图"→"圆弧"命令；

（2）单击"绘图"工具条中的"圆弧"按钮 ⌒；

（3）在命令行中输入 A（arc），按［Space］键确认键。

AutoCAD 共给出 11 种绘制圆弧的方式，除了图 2-15 所示的 8 种外，还有"中心、起点、终点""中心、起点、弦长"和"中心、起点、角度"3 种绘图方式，可根据不同的圆弧参数进行选择。

【选项说明】

（1）"圆心、起点、端点"与"起点、圆心、端点"、"圆心、起点、角度"与"起点、圆心、角度"、"圆心、起点、长度"与"起点、圆心、长度"均属于参数相同，只是参数的

输入顺序不同。

（2）"起点、圆心、长度"总是从起点开始绕圆心按逆时针绘制圆弧，若弦长为正，绘制劣弧（圆心角小于180°）；若弦长为负，绘制优弧。

（3）"连续"绘制圆弧中系统自动以上一命令的终点为该圆弧的起点，绘制与上一图元相切的圆弧，在图2-15（h）中，A点为绘制上一图元的终点。

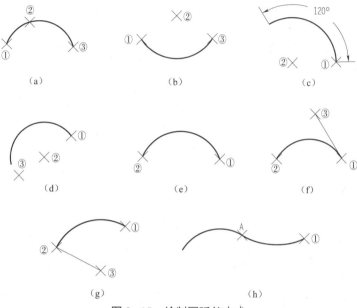

图2-15 绘制圆弧的方式

（a）三点方式；（b）起点、圆心、端点方式；（c）起点、圆心、角度方式；（d）起点、圆心、长度方式；
（e）起点、端点、角度方式；（f）起点、端点、方向方式；（g）起点、端点、半径方式；（h）连续方式

3. 操作示例

利用以 O_1 为圆心的圆弧连接直线的端点 A、C，再用以 O_2 为圆心的圆弧连接直线的端点 B、D，完成结果如图2-16（b）所示。

图2-16 圆弧连接

（a）图形文件；（b）结果文件

命令：ARC	
指定圆弧的起点或[圆心(C)]：	（用鼠标选取A点作为圆弧起点）
指定圆弧的第二个点或[圆心(C)/端点(E)]：C	（输入C，选择"起点、圆心、端点"的方式绘制圆弧）
指定圆弧的圆心：	（用鼠标选取 O_1 点作为圆弧圆心）
指定圆弧的端点或[角度(A)/弦长(L)]：	（用鼠标选取C点作为圆弧端点，按[Space]键结束命令）
命令：ARC	（按［Space］键重复上一条命令）

指定圆弧的起点或[圆心(C)]:	(用鼠标选取 D 点作为圆弧端点)
指定圆弧的第二个点或[圆心(C)/端点(E)]:C	(输入 C,选择"起点、圆心、端点"的方式绘制圆弧)
指定圆弧的圆心:	(用鼠标选取 O_2 点作为圆弧圆心)
指定圆弧的端点或[角度(A)/弦长(L)]:	(用鼠标选取 B 点作为圆弧端点,按[Space]键结束命令)

2.3.3 椭圆命令

1. 功能

按指定方式在指定位置绘制"椭圆"。

2. 命令调用

（1）从菜单中执行"绘图"→"椭圆"命令；

⊙	圆心(C)
◎	轴、端点(E)
⌒	圆弧(A)

图 2-17 椭圆命令下拉菜单

（2）单击"绘图"工具条中的"椭圆"按钮 ◎ ；

（3）在命令行中输入 EL（ellipse），按［Space］键确认。

如果选择下拉菜单方式输入命令，会列出三种绘制椭圆的方式，如图 2-17 所示。

如果选择单击图标的方式输入命令，AutoCAD 有如下提示：

指定椭圆的轴端点或[圆弧(A)/中心点(C)]:
指定轴的另一个端点:
指定另一条半轴长度或[旋转(R)]:

【选项说明】

（1）指定椭圆的轴端点：确定第一条轴的起始端点，该选项为默认选项。

（2）圆弧（A）：用于绘制椭圆弧。

（3）中心点（C）：椭圆中心。

（4）转角（R）：其短轴长度是以绕长轴旋转的角度来确定的（其取值范围为 0°≤转角<89.4°，其周期为 90°）。

（5）指定起始角度：确定椭圆弧起始角度（与椭圆第一条轴的夹角）。

（6）指定终止角度：确定椭圆弧的终止角度（与椭圆第一条轴的夹角）。

3. 操作示例

（1）如图 2-18 所示，已知椭圆的长轴 AB，及短轴的长度 5，现绘制这个椭圆，命令提示如下：

命令：ELLIPSE	(调用椭圆命令)
指定椭圆的轴端点或[圆弧(A)/中心点(C)]:	(用鼠标选取椭圆长轴的一个端点 A)
指定轴的另一个端点:	(用鼠标选取椭圆长轴的另一个端点 B)
指定另一条半轴长度或[旋转(R)]:5	
(输入短轴长度 5,这里也可以点选距离椭圆中心距离为 5 的点,按[Space]键确认完成命令)	

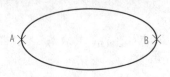

图 2-18 轴长绘制椭圆

（2）如图 2-19 所示，已知椭圆的中心 O，长轴端点 A 及短轴长度 5，现绘制这个椭圆，命令提示如下：

命令：ELLIPSE	（调用椭圆命令）
指定椭圆的轴端点或[圆弧(A)/中心点(C)]:C	（选择利用中心的方式绘制椭圆）
指定椭圆的中心点：	（用鼠标选取椭圆中心 O 点）
指定轴的端点：	（用鼠标选取椭圆长轴的一个端点 A）
指定另一条半轴长度或[旋转(R)]:5	
（输入短轴长度 5，这里也可以点选距离椭圆中心距离为 5 的点，按[Space]键完成命令）	

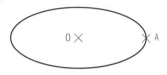

图 2-19　中心绘制椭圆

（3）如图 2-20 所示，已知椭圆长轴 AB，椭圆的转角 60°（椭圆的短轴=长轴×cos60°），现绘制这个椭圆，命令提示如下：

命令：ELLIPSE	（调用椭圆命令）
指定椭圆的轴端点或[圆弧(A)/中心点(C)]：	（用鼠标选取椭圆长轴的一个端点 A）
指定轴的另一个端点：	（用鼠标选取椭圆长轴的另一个端点 B）
指定另一条半轴长度或[旋转(R)]:R	（选择旋转的方式输入短轴信息）
指定绕长轴旋转的角度:60	（输入椭圆的转角，按[Space]键完成命令）

（4）如图 2-21 所示，以上一示例的椭圆信息为基础，绘制起始角度为 30°、终止角度为 180° 的椭圆弧，命令提示如下：

命令：ELLIPSE	（调用椭圆命令）
指定椭圆的轴端点或[圆弧(A)/中心点(C)]:A	（选择绘制椭圆弧）
指定椭圆弧的轴端点或[中心点(C)]：	（用鼠标选取椭圆长轴的一个端点 A）
指定轴的另一个端点：	（用鼠标选取椭圆长轴的另一个端点 B）
指定另一条半轴长度或[旋转(R)]:R	（选择旋转的方式输入短轴信息）
指定绕长轴旋转的角度:60	（输入椭圆的转角，按[Space]键完成命令）
指定起点角度或[参数(P)]:30	（椭圆弧的起点相对于 A 点逆时针方向旋转 30°）
指定端点角度或[参数(P)/包含角度(I)]:180	（椭圆弧的终点相对于 A 点逆时针方向旋转 180°）

图 2-20　绘制椭圆

图 2-21　绘制椭圆弧

2.3.4　实例：抄画图形

绘制如图 2-22 所示的图形。

图 2-22　实例图形

步骤提示：

（1）绘制中心线；

（2）利用"圆"命令分别捕捉中心线的交点为圆心，绘制四个圆；

（3）利用"圆弧"命令中的"起点、端点、半径"，结合对象捕捉功能首先选取小圆上的切点，再选取大圆上的切点，绘制半径为 100 的圆弧；

（4）利用"椭圆弧"命令，以大圆与水平中心线的右交点为椭圆长轴的一个端点，以 $\phi14$ 圆与水平中心线的左交点为椭圆长轴的另一端点，短半轴长度为 7，椭圆弧起点角度为 180°，端点为大圆与中心线的交点。

2.4　平面图形的绘制

有一些常用的特定图形利用直线等命令可以绘制，但是步骤较多、计算复杂。本节列举 AutoCAD 中直接绘制特定图形的命令。

2.4.1　正多边形命令

1. 功能

绘制正多边形。

2. 命令调用

（1）从菜单中执行"绘图"→"多边形"命令；

（2）单击"绘图"工具条中的"多边形"按钮 ⬠；

（3）在命令行中输入 POL（polygon），按［Space］键确认。

选择上述任何一种方式输入命令，AutoCAD 都有如下提示。

命令：POLYGON

输入侧面数<4>：

指定正多边形的中心点或[边(E)]：

输入选项[内接于圆(I)/外切于圆(C)]<I>：

指定圆的半径：

【选项说明】

（1）输入侧面数<4>：确定边数。

（2）指定正多边形的中点：默认选项。

（3）边（E）：以边长方式绘制正多边形。

（4）内接于圆（I）：以内接于圆的方式绘制多边形，圆的半径等于正多边形中心到顶点的距离。

（5）外切于圆（C）：以外切于圆的方式绘制多边形，圆的半径等于正多边形中心到边的距离。

3. 操作示例

（1）绘制以 O 为中心的六边形，该六边形的中心 O 到边的距离为 10。命令提示如下：

命令：POLYGON

输入侧面数<4>:6　　　　　　　　　　　　（执行多边形命令,输入边数 6）

指定正多边形的中心点或[边(E)]:　　　　　　（用鼠标选取多边形的中心点 O）

输入选项[内接于圆(I)/外切于圆(C)]<I>:C　　（选择外切于圆的方式绘制多边形）

指定圆的半径:6　　　　　　　　　　　　（输入圆的半径 6,按 [Space] 键结束命令）

完成结果如图 2-23 所示,若外切圆提前已经绘制完成,之后一步也可以点选圆周。

（2）如图 2-24 所示,已知正六边形的两个相邻顶点 A、B,现绘制这个多边形。命令提示如下:

命令：POLYGON

输入侧面数<6>:　　　　　　　　　（由于之前绘制的六边形因此默认边数为 6,按[Space]键确认）

指定正多边形的中心点或[边(E)]:E　　（选择了以边长的方式绘制多边形）

指定边的第一个端点:指定边的第二个端点:（先后选择六边形的顶点 A、顶点 B）

顶点选取的方向决定正多边形的绘制方向,以选择顶点的方向继续逆时针绘制多边形。

图 2—23　利用中心绘制多边形

图 2—24　利用边长绘制多边形

2.4.2　矩形命令

1. 功能

绘制二维或三维矩形,可以直接绘制带倒角或圆角的矩形。

2. 命令调用

（1）从菜单中执行"绘图"→"矩形"命令;

（2）单击"绘图"工具条中"矩形"按钮 ;

（3）在命令行中输入 REC（rectang）,按 [Space] 键确认。

选择上述任何一种方式输入命令,AutoCAD 都有如下提示:

命令：RECTANG

指定第一个角点或[倒角(C)/标高(E)/圆角(F)/厚度(T)/宽度(W)]:

指定另一个角点或[面积(A)/尺寸(D)/旋转(R)]:

【选项说明】

（1）指定第一个角点:在默认情况下,通过指定两个对角点来绘制矩形。当指定了矩形的第一个角点之后,在命令提示下,指定矩形的对角点,即可直接绘制一个矩形。

（2）倒角（C）:用于绘制带倒角的矩形,需要指定矩形的两个倒角距离。当设定了倒角距离后,仍返回系统中提示的第二行,完成矩形的绘制。

（3）标高（E）:指定矩形所在的平面高度,在默认情况下,矩形在 XY 平面内。该选项一般用于三维绘图。

（4）圆角（F）：用于绘制带圆角的矩形，需要指定矩形的圆角半径。

（5）厚度（T）：按设定的厚度绘制矩形，该选项一般用于三维绘图。

（6）宽度（W）：按设定的宽度绘制矩形，需指定矩形的宽度。

（7）面积（A）：以指定矩形的面积和一边边长来绘制矩形。

（8）尺寸（D）：以指定矩形的长度、宽度和矩形另一角点的方式绘制矩形。

（9）旋转（R）：以指定旋转的角度和选取两个参考点绘制矩形。

（10）长度（L）：用在面积形式绘制矩形时设置水平边的长度。

在使用矩形命令时，所设置的选项内容将作为当前设置，下一次使用矩形命令仍按上次的设置绘制矩形直至重新设置。另外，在绘制带有圆角和倒角的矩形时，如果长度或宽度太小无法使用当前设置绘制矩形，系统将自动忽略倒角或圆角设置绘制普通矩形。

3. 操作示例

（1）如图 2-25 所示，绘制以点 A 为角点，边长为 60 mm×40 mm 的矩形。命令提示如下：

命令：RECTANG	（执行矩形命令）
指定第一个角点或[倒角(C)/标高(E)/圆角(F)/厚度(T)/宽度(W)]：（用鼠标选取多矩形的第一个角点A）	
指定另一个角点或[面积(A)/尺寸(D)/旋转(R)]：@60,40	
（输入矩形的另一个角点相对于第一角点的坐标，按[Space]键结束命令）	

（2）如图 2-26 所示绘制以点 A 为角点，边长为 60 mm×40 mm，倒角为 10 mm×10 mm 的矩形。命令提示如下：

命令：RECTANG	（执行矩形命令）
指定第一个角点或[倒角(C)/标高(E)/圆角(F)/厚度(T)/宽度(W)]：C（绘制带倒角的矩形）	
指定矩形的第一个倒角距离<0.0000>：10	（设置第一个倒角的距离）
指定矩形的第二个倒角距离<10.0000>：	（设置第二个倒角的距离）
指定第一个角点或[倒角(C)/标高(E)/圆角(F)/厚度(T)/宽度(W)]：（用鼠标选取多矩形的第一个角点A）	
指定另一个角点或[面积(A)/尺寸(D)/旋转(R)]：@60,40	
（输入矩形的另一个角点相对于第一角点的坐标，按[Space]键结束命令）	

图 2-25　普通矩形

图 2-26　带倒角矩形

（3）如图 2-27 所示，绘制以点 A 为角点，边长为 60 mm×40 mm，圆角半径为 10 mm 的矩形。命令提示如下：

命令：RECTANG	（执行矩形命令）
指定第一个角点或[倒角(C)/标高(E)/圆角(F)/厚度(T)/宽度(W)]：F	（绘制带圆角的矩形）
指定矩形的圆角半径<0.0000>：10	（设置圆角的半径）
指定第一个角点或[倒角(C)/标高(E)/圆角(F)/厚度(T)/宽度(W)]：（用鼠标选取多矩形的第一个角点A）	

指定另一个角点或[面积(A)/尺寸(D)/旋转(R)]:@60,40

　　　　　　　　　　(输入矩形的另一个角点相对于第一角点的坐标，按［Space］键结束命令)

图 2-27　带圆角的矩形

2.5　样条曲线

样条曲线是一种通过或接近指定点的拟合曲线。在 AutoCAD 中样条曲线的类型是非均匀有理 B 样条，适合表达具有不规则变化曲率半径的曲线，在机械中常用于绘制分界线、断面等不规则的曲线。

2.5.1　功能

绘制样条曲线。

2.5.2　命令调用

(1) 从菜单中执行"绘图"→"样条曲线"命令；

(2) 单击"绘图"工具条中的"样条曲线"按钮 ~；

(3) 在命令行中输入 SPL（spline），按［Space］键确认。

选择上述任何一种方式输入命令，AutoCAD 都有如下提示：

当前设置:方式=拟合节点=弦

指定第一个点或[方式(M)/节点(K)/对象(O)]:

输入下一个点或[起点切向(T)/公差(L)]:

输入下一个点或[端点相切(T)/公差(L)/放弃(U)/闭合(C)]:

【选项说明】

(1) 方式（M）：设置样条曲线的创建方式，其创建方式有拟合（F）方式和控制点（CV）方式两种。

(2) 节点（K）：指定节点的参数变化形式，它会影响曲线在通过拟合点时的形状，它有弦（C）、平方根（S）和统一（U）三种形式。

(3) 对象（O）：将二维或三维的二次或三次样条曲线拟合多段线转换成等效的样条曲线并删除多段线。

(4) 起点切向（T）：设置样条曲线起始点切矢量。

(5) 端点相切（T）：设置样条曲线终止点切矢量。

(6) 公差（L）：设定拟合公差。

(7) 放弃（U）：放弃上一次操作。

（8）闭合（C）：闭合样条曲线。

3. 操作示例

如图 2-28 所示，利用样条曲线绘制机械制图中的波浪线。命令提示如下：

命令：SPLINE	
当前设置：方式=拟合节点=弦	（执行样条曲线命令）
指定第一个点或[方式(M)/节点(K)/对象(O)]：	（用鼠标选取样条曲线的第一个点A）
输入下一个点或[起点切向(T)/公差(L)]：	（用鼠标选取样条曲线的第二个点B）
输入下一个点或[端点相切(T)/公差(L)/放弃(U)]：	（用鼠标选取样条曲线的第三个点C）
输入下一个点或[端点相切(T)/公差(L)/放弃(U)/闭合(C)]：	（用鼠标选取样条曲线的第四个点D）
输入下一个点或[端点相切(T)/公差(L)/放弃(U)/闭合(C)]：	（按［Space］键结束命令）

图 2-28　样条曲线

2.6　多　段　线

二维多段线是作为单个平面对象创建的相互连接的线段序列。使用多段线命令可以创建直线段、圆弧段或两者的组合线段，每一段可以具有宽度，各段的宽度可以不同，同一段的宽度也可以不同。

2.6.1　功能

绘制多段线，绘制的多条直线或圆弧连接成一个整体。

2.6.2　命令调用

（1）从菜单中执行"绘图"→"多段线"命令；

（2）单击"绘图"工具条中的"多段线"按钮；

（3）在命令行中输入 PL（pline），按［Space］键确认。

选择上述任何一种方式输入命令，AutoCAD 都有如下提示：

命令：PLINE
指定起点：

当前线宽为 0.0000

指定下一个点或[圆弧(A)/半宽(H)/长度(L)/放弃(U)/宽度(W)]：

指定下一点或[圆弧(A)/闭合(C)/半宽(H)/长度(L)/放弃(U)/宽度(W)]：

【选项说明】

（1）圆弧（A）：由直线多段线切换到圆弧多段线方式。选择该选项，AutoCAD 继续提示

[角度(A)/圆心(CE)/方向(D)/半宽(H)/直线(L)/半径(R)/第二个点(S)/放弃(U)/宽度(W)]：

在此提示下用户可以选择不同的绘制圆弧方式，这与 2.3.2 节中介绍的基本相同，此处不再赘述。其中，"直线（L）"选项为由绘制圆弧方式改为绘制直线方式；"第二点（S）"为三点绘制圆弧方式。

（2）闭合（CL）：封闭多段线，首尾以圆弧或直线段闭合。

（3）半宽（H）：确定多段线的半宽。

（4）长度（L）：设定新的多段线长度。如果前一段是直线，延长方向与该直线相同；如果前一段是圆弧，延长方向为端点处圆弧的切线方向。

（5）放弃（U）：取消前次操作，可顺序回溯。

（6）宽度（W）：用来设定多段线的宽度。

3. 操作示例

（1）利用"多段线"命令绘制如图 2-29 所示的圆角半径为 10 mm 的图形。命令提示如下：

命令：PLINE   (执行多段线命令)

指定起点：   (用鼠标选取多段线的第一点 A)

当前线宽为 0.0000

指定下一个点或[圆弧(A)/半宽(H)/长度(L)/放弃(U)/宽度(W)]：(用鼠标选取多段线的第二点 B)

指定下一点或[圆弧(A)/闭合(C)/半宽(H)/长度(L)/放弃(U)/宽度(W)]：A(改为绘制圆弧)

指定圆弧的端点或[角度(A)/圆心(CE)/闭合(CL)/方向(D)/半宽(H)/直线(L)/半径(R)/第二个
点(S)/放弃(U)/宽度(W)]：CE   (选择以圆心方式绘制圆弧)

指定圆弧的圆心：@0,-10   (输入圆心相对于点 B 的坐标)

指定圆弧的端点或[角度(A)/长度(L)]：A   (选择以角度方式绘制圆弧)

指定包含角：-90   (顺时针方向绘制 90°圆弧)

指定圆弧的端点或

[角度(A)/圆心(CE)/闭合(CL)/方向(D)/半宽(H)/直线(L)/半径(R)/第二个点(S)/放弃(U)/
宽度(W)]：L   (改为绘制直线)

指定下一点或[圆弧(A)/闭合(C)/半宽(H)/长度(L)/放弃(U)/宽度(W)]：

                                                    (用鼠标选取多段线的第四点 D)

指定下一点或[圆弧(A)/闭合(C)/半宽(H)/长度(L)/放弃(U)/宽度(W)]：(按[Space]键确认)

图 2-29 直线与圆弧多线段

（2）利用"多段线"命令绘制如图2-30所示的箭头。命令提示如下：

命令：PLINE　　　　　　　　　　　　　　　　　　　　　　　（执行多段线命令）

指定起点：　　　　　　　　　　　　　　　　　　（用鼠标选取多段线的第一个点A）

当前线宽为 0.0000

指定下一个点或[圆弧(A)/半宽(H)/长度(L)/放弃(U)/宽度(W)]:W　　　（设置多段线宽度）

指定起点宽度<0.0000>：　　　　　　　　　（起点宽度为默认值0，按[Space]键确认）

指定端点宽度<0.0000>:8　　　　　　　　　　　　　　　　　（输入端点宽度8）

指定下一个点或[圆弧(A)/半宽(H)/长度(L)/放弃(U)/宽度(W)]:（用鼠标选取多段线的第二点B）

指定下一点或[圆弧(A)/闭合(C)/半宽(H)/长度(L)/放弃(U)/宽度(W)]:W　　（设置多段线宽度）

指定起点宽度<8.0000>:0　　　　　　　　　　　　　　　　　（输入起点宽度0）

指定端点宽度<0.0000>：　　　　　　　　　（端点宽度为默认值0，按[Space]键确认）

指定下一点或[圆弧(A)/闭合(C)/半宽(H)/长度(L)/放弃(U)/宽度(W)]:

　　　　　　　　　　　　　　　　　　　　　　　　　　　（用鼠标选取多段线的第三点C）

指定下一点或[圆弧(A)/闭合(C)/半宽(H)/长度(L)/放弃(U)/宽度(W)]:

　　　　　　　　　　　　　　　　　　　　　　　　　　　　　　　（按[Space]键确认）

图2-30　直线与圆弧多线段

2.7　课　堂　实　训

实训1

绘制如图2-31所示的图形。

图2-31　平面图形

操作提示：

（1）利用"图层"命令设置两个图层。

（2）利用"直线"和"圆"命令绘制中心线、128°基准线和同心圆。

（3）利用"圆弧"命令绘制连接两圆的圆弧。

（4）利用"椭圆"命令绘制椭圆，选取椭圆中心，利用极坐标的方式输入长轴和短轴端点。

实训 2

绘制如图 2-32 所示图形。

操作提示：

（1）利用"图层"命令设置两个图层。

（2）利用"直线"命令绘制中心线。

（3）利用"直线"或"矩形"命令绘制直线部分。

（4）利用"圆弧"命令绘制半径为 9 的圆弧。

图 2-32　阀芯平面图

2.8　课后练习

请同学自己动手练习绘制如图 2-33～图 2-35 所示的图形。

图 2-33　平面图形练习（一）

图 2-34 平面图形练习（二）

图 2-35 平面图形练习（三）

第 3 章　精确绘图工具

AutoCAD 系列软件最主要的特点之一就是提供了相当多的绘图和编辑工具，使用户能很容易地绘制出精确的图形。

虽然输入点的坐标值可以精确定位，但是坐标值的计算和输入有时的确是件很麻烦的事情。AutoCAD 的精确绘图工具可以让大部分坐标的输入工作转移到鼠标的单击上来。虽然精确绘图工具不能直接绘制图形，但是通过这些工具，不仅可以精确地定位所绘制实体之间的位置和连接关系，还可以显著地提高绘图效率。另外，设计图形时往往要用图解法解析某些几何问题，有时使用精确绘图工具是唯一能即快速又精确地解决这些问题的方法，比如切点的确定等。

AutoCAD 的精确绘图工具包括"推断约束""捕捉模式""栅格显示""正交模式""极轴追踪""对象捕捉""三维对象捕捉""对象捕捉追踪""允许/禁止动态 UCS""动态输入"和"显示/隐藏线宽"等，这些工具可以通过单击状态栏中的按钮来打开或关闭，如图 3-1 所示。

图 3-1　状态栏上的精确绘图工具按钮

3.1　捕捉与栅格

在使用 AutoCAD 绘图的过程中，要想提高绘图的效率，可以开启显示并捕捉矩形栅格功能，还可以定义其间距、角度和对齐。

3.1.1　使用捕捉与栅格

捕捉模式用于限制十字光标，使其只按照定义的间距移动。当捕捉模式打开时，光标附着或捕捉到不可见的栅格。捕捉模式有助于使用箭头键或定点设备来精确地定位点。

要打开或关闭捕捉模式，可使用以下方法：

（1）单击"状态栏"工具条中的"捕捉模式"按钮▦（仅限于打开与关闭）；

（2）快捷键［F9］（仅限于打开与关闭）。

栅格是点或线的矩阵，遍布指定为栅格界限的整个区域。图 3-2 所示为栅格显示的两种不同类型——点栅格与线栅格。如用 VSCURRENT 命令将视觉样式设置为"二维线框",则显示为点栅格;如设置为其他样式,则显示为线栅格。使用栅格相当于在图形下面放置一张坐标纸,利用栅格可以对齐对象,并直观显示对象之间的距离。栅格只在屏幕上显示,不打印输出。

要打开或关闭栅格模式,可使用以下方法:

(1) 单击"状态栏"工具条中的"栅格显示"按钮▦(仅限于打开与关闭);

(2) 快捷键 [F7](仅限于打开与关闭)。

(a)   (b)

图 3-2 栅格模式

(a) 点栅格;(b) 线栅格

栅格模式和捕捉模式各自独立,但这两者经常同时被打开,以便配合使用。例如,可以设置较宽的栅格间距用作参考,但使用较小的捕捉间距以保证定位点的精确性。

3.1.2 设置捕捉与栅格

AutoCAD 还可设置栅格间距以及捕捉的间距、角度和对齐。对栅格和捕捉的设置,可通过"草图设置"对话框中的"捕捉和栅格"选项卡来实现,如图 3-3 所示。

图 3-3 "草图设置"对话框的"捕捉和栅格"选项卡

在 AutoCAD 中打开"草图设置"对话框的方法有以下 2 种：

（1）在状态栏的任意精确绘图工具按钮上右击，在快捷菜单中选择"设置"命令。

（2）在命令行输入 DSETTINGS，按［Space］键确认。

"启用捕捉"和"启用栅格"复选框分别用于打开和关闭捕捉模式和栅格模式，括号内的 F9 和 F7 分别代表它们的快捷键。如图 3-3 所示，"捕捉和栅格"选项卡主要分为两个部分，左侧用于捕捉设置，右侧用于栅格设置。

1. 捕捉设置

"草图设置"对话框左侧的捕捉设置部分主要包括"捕捉间距""极轴间距"和"捕捉类型"3 个设置区域。

（1）在"捕捉间距"设置区域，可设置捕捉在 X 轴和 Y 轴方向的间距。如果勾选"X 轴间距和 Y 轴间距相等"复选框，可以强制 X 轴和 Y 轴间距相等。

（2）在"极轴间距"设置区域，"极轴距离"文本框用于设置极轴捕捉增量距离，必须在"捕捉类型"设置区域中选中"PolarSnap"（极轴捕捉）单选按钮才可用。如果该值为 0，则极轴捕捉距离采用"捕捉 X 轴间距"的值。"极轴距离"设置与极坐标追踪或对象捕捉追踪结合使用，如果两个追踪功能都未启用，则"极轴距离"设置无效。

（3）在"捕捉类型"设置区域，可以分别选择"矩形捕捉""等轴测捕捉""栅格捕捉"与"PolarSnap"4 种捕捉类型。"矩形捕捉"是指捕捉矩形栅格上的点，即捕捉正交方向上的点；"等轴测捕捉"用于将光标与 3 个等轴测轴中的两个轴对齐，并显示栅格，从而使二维等轴测图形的创建更加轻松；"栅格捕捉""PolarSnap"需与"极轴追踪"结合使用，当两者均打开时，光标将沿着"极轴追踪"选项卡上相对于极轴追踪起点设置的极轴对齐角度进行捕捉。

2. 栅格设置

"草图设置"对话框右侧的栅格设置部分主要包括"栅格间距"和"栅格行为"两个设置区域。

（1）在"栅格间距"设置区域，通过"栅格 X 轴间距"和"栅格 Y 轴间距"文本框，可设置栅格在 X 轴、Y 轴方向上的显示间距，如果它们设置为 0，那么栅格采用捕捉间距的值。

（2）在"栅格行为"设置区域，勾选"自适应栅格"复选框后，在视图缩小或放大时，自动控制栅格显示的比例。"允许以小于栅格间距的间距再拆分"复选框用于控制在视图放大时是否允许生成更多间距更小的栅格线。"显示超出界限的栅格"复选框用于设置是否显示超出 LIMITS 命令指定的图形界限之外的栅格。勾选"遵循动态 UCS"复选框后，可更改栅格平面，以跟随动态 UCS 的 XY 平面。

3.2　正交模式与极轴追踪

正交模式和极轴追踪是两个相对的模式。正交模式将光标限制在水平和垂直方向上移动，而极轴追踪将使光标按指定角度进行移动，如果配合使用极轴捕捉，光标将沿极轴角度按指定增量进行移动。

3.2.1　使用正交模式

使用正交模式可以将光标限制在水平或垂直方向上移动，以便于精确地创建和修改对象。打开正交模式后，在移动光标时，水平轴或垂直轴哪个离光标最近，拖引线就将沿着该轴移动。这种绘图模式非常适用于绘制水平或垂直的构造线，以辅助绘图。如图 3-4 所示，在绘制直线时，如果不打开正交模式，可以通过指定 A 点和 B 点绘制一条如图 3-4（a）所示的直线。但是如果打开正交模式，再通过 A 点和 B 点绘制直线时，将绘制水平方向的直线，如图 3-4（b）所示。

（a）　　　　　　　　　　　　　　（b）

图 3-4　使用正交模式绘制直线

（a）关闭正交模式；（b）打开正交模式

正交属于透明命令，此外，正交模式对光标的限制仅仅限于在命令的执行过程中，比如绘制直线时，在无命令的状态下，鼠标仍然可以在绘图区自由移动。

要打开或关闭正交模式，可使用以下方法：

（1）单击"状态栏"工具条中的"正交模式"按钮 ⌐（仅限于打开与关闭）；

（2）快捷键［F8］（仅限于打开与关闭）；

（3）在命令行中输入 ORT（ortho），按［Space］键。

3.2.2　使用极轴追踪

在绘图过程中，使用 AutoCAD 的极轴追踪功能可以显示由指定的极轴角度所定义的临时对齐路径，可以使用极轴追踪沿对齐路径按指定距离进行捕捉。

要打开或关闭极轴追踪，可使用以下方法。

（1）单击"状态栏"工具条中的"极轴追踪"按钮 ⌐（仅限于打开与关闭）；

（2）快捷键［F10］（仅限于打开与关闭）；

（3）在命令行中输入 AUTOS（autosnap），按［Space］键。

打开极轴追踪功能之后，在绘制或编辑图形的过程中，光标移动时，如果接近极轴角，将显示对齐路径和工具栏提示。

3.2.3　设置极轴追踪

极轴追踪也是在"草图设置"对话框中设置的，可以使用 3.1.2 节介绍的方法打开"草图设置"对话框，切换至"极轴追踪"选项卡设置极轴追踪的选项，如图 3-5 所示。

（1）在"极轴角设置"设置区域，可设置极轴追踪的增量角与附加角。

①"增量角"下拉列表框：用来选择极轴追踪对齐路径的极轴角增量，可输入任何角度，也可以从列表中选择 90°、45°、30°、22.5°、18°、15°、10° 或 5° 等这些常用角度。注

意这里设置的是增量角，即选择某一角度
后，将在这一角度的整数倍数角度方向显示
极轴追踪的对齐路径。如选择的是 15° 增量
角，那么在 0°、15°、30° 和 45° 等方向上
便会显示对齐路径。

②"附加角"复选框：勾选该复选框后，
可指定一些附加角度。单击"新建"按钮新
建增量角度，新建的附加角度将显示在左侧
的列表框内，单击"删除"按钮将删除选定
的角度。最多可以添加 10 个附加极轴追踪
对齐角度。

图 3-5　"草图设置"对话框的"极轴追踪"选项卡

（2）在"对象捕捉追踪设置"区域，可
设置对象捕捉和追踪的相关选项，这一区域
的选项设置要求打开对象捕捉和对象追踪功能，这将在 3.3 节详细介绍。

①"仅正交追踪"单选按钮：当对象捕捉与对象追踪功能打开时，仅显示已获得的对象
捕捉（水平/垂直）追踪路径。

②"用所有极轴角设置追踪"单选按钮：选中时，将极轴追踪设置应用于对象捕捉追踪。
使用对象捕捉追踪时，光标将从获取的对象捕捉点起沿极轴对齐角度进行追踪。

（3）在"极轴角测量"设置区域，可设置测量极轴追踪对齐角度的基准。

①"绝对"单选按钮：选中该单选按钮表示根据当前用户坐标系（UCS）确定极轴追踪
角度。如图 3-6（a）所示，在绘制完一条与 UCS 的 0° 方向成一定角度的直线后，极轴追踪
的对齐角度仍然以 UCS 的 0° 方向为 0° 方向。

②"相对上一段"单选按钮：选中该单选按钮表示根据上一个绘制线段确定极轴追踪角
度。如图 3-6（b）所示，在绘制完一条与 UCS 的 0° 方向成一定角度的直线后，极轴追踪的
对齐角度以绘制的直线方向为 0° 方向。

（a）　　　　　　　　　　　　　　　　　　　　（b）

图 3-6　设置极轴角的测量基准

（a）绝对；（b）相对上一段

3.2.4　实例：绘制特殊位置线段

利用极轴追踪功能绘制相互成 45° 角的两条直线，如图 3-7 所示。

图 3-7　极轴追踪绘制实例

操作步骤如下：

（1）单击状态栏中的"极轴追踪"按钮，使其处于按下状态，打开极轴追踪。

（2）设置极轴追踪。右击状态栏中的"极轴追踪"按钮，在弹出的快捷菜单中执行"设置"命令。弹出的"草图设置"对话框自动处于"极轴追踪"选项卡，找到"增量角"下拉列表框，选择 45，然后单击"确定"按钮。

（3）先根据"直线"命令绘制出一条水平直线。

（4）捕捉到 45° 极轴，绘制第二条直线。

3.3　对象捕捉与对象追踪

AutoCAD 中的对象捕捉和对象追踪工具都是针对指定对象上的特征点的精确定位工具。AutoCAD 的对象捕捉功能可指定对象上的精确位置。例如，使用对象捕捉可以绘制到圆心或者多段线中点的直线；而使用对象追踪，可以沿着基于对象捕捉点的对齐路径进行追踪。

使用对象捕捉和对象追踪，可以快速而准确地捕捉到对象上的一些特征点或根据特征点偏移出来的一系列点；另外，还可以很方便地解决绘图过程中的一些解析几何的问题，而不必一步一步地计算和输入坐标值。

3.3.1　使用对象捕捉

只要命令行提示输入点，都可以使用对象捕捉功能。默认情况下，当光标移到对象的对象捕捉位置时，光标将显示为特定的标记提示。如图 3-8 所示分别为捕捉到直线的中点和圆的圆心，只需在命令行提示指定点时将光标移动到特征点附近即可。要打开或关闭对象捕捉，可使用以下方法：

（1）单击"状态栏"工具条中的"对象捕捉"按钮☐（仅限于打开与关闭）；

（2）快捷键［F3］（仅限于打开与关闭）。

（a）　　　　　　　　　　　　（b）

图 3-8　"对象捕捉"应用

另外，AutoCAD 在经典工作空间模式下还专门提供了"对象捕捉"工具栏和"对象捕捉"快捷菜单，以方便用户在绘图过程中使用，如图 3-9 和图 3-10 所示。

图 3-9　"对象捕捉"工具栏

"对象捕捉"工具栏在默认情况下不显示，可在任意工具栏上右击，然后在弹出的快捷菜单中执行"对象捕捉"命令，打开该工具栏。"对象捕捉"快捷菜单是在命令行提示指定点时按住［Shift］键后在绘图区右击鼠标打开的。当对象分布比较密集或者特征点分布比较密集时，打开对象捕捉后可能捕捉到的不是用户需要的特征点，例如，本想要捕捉中点，但是由于对象太密集，有可能捕捉到的是另一个交点。这时，如果单击"对象捕捉"工具栏中的"中点"按钮，或"对象捕捉"快捷菜单的"中点"命令，此时就只捕捉对象的中点，从而避免捕捉到错误的特征点而导致绘图误差。

利用对象捕捉可方便地捕捉到 AutoCAD 所定义的特征点，比如端点、中点、象限点、切点和垂足等，如在绘图过程中要指定这些特征点，可利用"对象捕捉"工具栏和快捷菜单选择要捕捉的特征点。对于不同的特征点，捕捉时将显示为不同的对象捕捉标记。例如，捕捉端点时显示为方块，而捕捉圆心时显示为圆形。

图 3-10　"对象捕捉"快捷菜单

"对象捕捉"工具栏和快捷菜单上的第一项均为"临时追踪点"，第二项为"捕捉自"。这两种对象捕捉方法均要求与对象追踪联合使用。

"捕捉自"按钮用于基于某个基点的偏移距离来捕捉点，而"临时追踪点"是为对象捕捉而创建的一个临时点，该临时点的作用相当于使用"捕捉自"按钮捕捉基点，通过该点可在垂直和水平方向上追踪出一系列点来指定一点。

例如，如图 3-11（a）所示的直线 AB，如果要在其基础上绘制另一条直线 BD，D 点位置相距 B 点水平方向 15 mm、垂直方向 30 mm。在执行绘制"直线"命令后，命令行提示"指定第一点"时，指定 B 点；然后命令行提示"指定下一点或［放弃（U）］"，此时先不指定第二个点，单击"对象捕捉"工具栏中的"临时追踪点"按钮，命令行将提示"指定临时对象追踪点"，此时可用对象追踪的方法（即在命令行输入 15）指定 C 点为临时追踪点，显示为一个小加号"+"；指定完临时追踪点后，命令行继续提示"指定下一点或［放弃（U）］"，此时可使用 C 点作为临时的追踪点指定其垂直方向上的 D 点为直线的第二点（即在命令行输入 30）。绘制过程如图 3-11（b）所示，结果如图 3-11（c）。

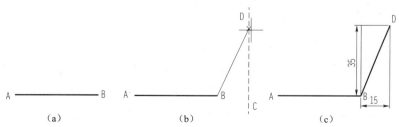

图 3-11　使用"临时追踪点"

（a）原图形；（b）使用临时追踪；（c）绘制完成

3.3.2 实例: 绘制垂线

如图 3-12（a）所示，已知直线 a 和直线外一点 A，要求过 A 点绘制一条直线垂直于直线 a，垂足为 B 点。

操作步骤提示：

（1）调用"直线"命令，当命令行提示"指定第一点"时，此时先不指定点；单击"对象捕捉"工具栏中的"捕捉端点"按钮，然后将光标移至 A 点附近，光标自动捕捉到 A 点并显示对象捕捉标记□，此时单击 A 点指定其为直线的第一点。

（2）指定第一点后，命令行继续提示"指定下一点或［放弃（U）］"，此时也先不指定点，单击"对象捕捉"工具栏中的"捕捉到垂足"按钮⊥，然后将光标移至直线 a 附近，光标自动捕捉并显示对象捕捉标记，此时单击鼠标即可指定 B 点（即垂足点）为直线的第二点，如图 3-12（b）所示；然后按［Space］键或［Esc］键完成垂线绘制，绘制结果如图 3-12（c）所示。

（a）　　　　　　　　　　（b）　　　　　　　　　　（c）

图 3-12　绘制垂线

（a）原图形；（b）捕捉垂足；（c）绘制结果

3.3.3 实例: 绘制公切线

如图 3-13（a）所示，两个相离的圆 a 与圆 b，它们的直径不相同，要求绘制它们的两条公切线。

（a）　　　　　　　　　　（b）　　　　　　　　　　（c）

图 3-13　绘制公切线

（a）原图形；（b）捕捉切点；（c）绘制结果

可用"捕捉到切点"功能，步骤提示如下：

（1）调用"直线"命令，当命令行提示"指定第一点"时，此时先不指定点；单击"对象捕捉"工具栏中的"捕捉到切点"按钮，然后将光标移至圆 a 附近，光标自动捕捉到圆 a 上并显示对象捕捉标记○，此时单击即可指定切点为直线的第一点。

（2）命令行继续提示"指定下一点或［放弃（U）］"，此时也先不指定点，单击"对象捕捉"工具栏中的"捕捉到切点"按钮，然后将光标移至圆 b 附近，光标自动捕捉到圆 b 上并显示对象捕捉标记○，此时单击即可指定切点为直线的第二点，如图 3-13（b）所示。按［Space］键或［Esc］键完成公切线的绘制，绘制结果如图 3-13（c）所示。

3.3.4　使用对象追踪

AutoCAD 的对象追踪又称为自动追踪，该功能可以帮助用户按照指定的角度或按照与其他对象的特定关系绘制对象。当打开自动追踪时，临时对齐路径可以根据精确的位置和角度创建对象。自动追踪经常与对象捕捉功能联合使用。

要打开或关闭对象捕捉，可使用以下方法。

（1）单击"状态栏"工具条中的"对象追踪"按钮（仅限于打开与关闭）；

（2）快捷键［F11］（仅限于打开与关闭）。

启用对象追踪功能后，当绘图过程中命令行提示指定点时，可将光标移动至对象的特征点上（类似于对象捕捉），但无须单击该特征点指定对象，而只需将光标在特征点上停留几秒使光标显示为特征点的对象捕捉标记，然后移动鼠标至其他位置。

3.3.5　实例：使用对象追踪

如图 3-14（a）所示，已知点 A 位置，现想绘制一个半径为 20 mm 的圆，圆心位于 A 点的 45° 方向并距 A 点 40 mm 的位置上。

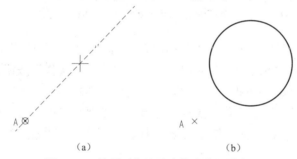

图 3-14　使用对象追踪在指定位置绘制圆

（a）使用对象追踪；（b）绘制结果

绘制步骤如下：

（1）单击状态栏中的"极轴追踪"按钮、"对象捕捉"按钮和"对象追踪"按钮，打开这 3 种功能，并在"草图设置"对话框的"极轴追踪"选项卡中选中"用所有极轴角设置追踪"单选按钮。

（2）调用"圆"命令。

（3）在命令行提示"指定圆的圆心或［-点（3P）/两点（2P）/相切、相切、半径（T）］:"时，将光标移至 A 点附近，捕捉到 A 点，但是不要单击指定 A 点；然后拖动鼠标，捕捉到 45° 极轴，输入 40 表示圆心到 A 点的距离，按［Space］键指定圆心。

（4）当命令行提示"指定圆的半径或［直径（D）］:"时，输入 20 为圆的半径，完成绘制，结果如图 3-14（b）所示。

【注意】

捕捉时无须单击鼠标，只需停留几秒即可。

3.3.6 设置对象捕捉和对象追踪

对象捕捉和对象追踪的设置也可通过"草图设置"对话框的"对象捕捉"选项卡来完成，如图 3-15 所示。"启用对象捕捉"和"启用对象捕捉追踪"复选框分别用于打开和关闭对象捕捉和对象追踪功能。

图 3-15 "草图设置"对话框的"对象捕捉"选项卡

"对象捕捉模式"区域中列出了可以在执行对象捕捉时捕捉的特征点，各个复选框前的图标显示的是捕捉该特征点时的对象捕捉标记。单击"全部选择"按钮，可以全部勾选这些复选框；单击"全部清除"按钮，可全部取消勾选这些选择。

在"草图设置"对话框中设置完捕捉特征点后，若要在绘图过程中捕捉特征点，就不需要单击"对象捕捉"工具栏中的按钮，AutoCAD 会根据"草图设置"对话框中的设置自动捕捉相应的特征点。

3.4 动态输入

在 AutoCAD 中，"动态"的含义为跟随光标。例如，动态输入是指在光标附近显示一个动态的命令界面，可显示和输入坐标值等绘图信息，绘图信息随着光标的移动而及时更新。

3.4.1 使用动态输入

启用动态输入后，工具栏提示信息将在光标附近显示，该信息会随着光标移动而动态更新。动态输入信息只有在命令执行过程中才显示，包括绘图命令、编辑命令和夹点编辑命令等。

要打开或关闭动态输入，可使用以下方法。

（1）单击"状态栏"工具条中的"动态输入"按钮🖰（仅限于打开与关闭）；

（2）快捷键［F12］（仅限于打开与关闭）。

动态输入有指针输入、标注输入和动态提示 3 个组件，在"草图设置"对话框的"动态输入"选项卡中可以设置启用动态输入时每个组件所显示的内容。

（1）指针输入：当启用指针输入且有命令在执行时，十字光标的位置将在光标附近的工具栏提示中显示为坐标。这些坐标值会随着光标的移动自动更新，并可以输入坐标值，而不用在命令行中输入。按 [Tab] 键可以在两个坐标值之间切换。

（2）标注输入：启用标注输入后，当命令提示输入第二点时，工具栏提示将显示距离和角度值。工具栏提示中的值将随着光标移动而改变。

一般来说，指针输入是在命令行提示"指定第一个点"时显示，而标注输入是在命令行提示"指定第二个点"时显示。例如，执行绘制圆的命令时，如图 3-16 所示，当命令行提示"指定圆的圆心或 [三点（3P）/两点（2P）/切点、切点、半径（T）]："时显示指针输入，此时可输入圆心的坐标值；而当命令行提示"指定圆的半径或 [直径（D）] <0.0000>："时，显示的是标注输入，此即所谓的命令行提示的"第一个点"和"第二个点"，实际上是命令执行过程中指定点的顺序。

（a）　　　　　　　　　　　　　　　　（b）

图 3-16　动态输入的 3 个组件

【注意】

第二个点和后续点的默认设置为相对极坐标，不需要输入@符号。如果需要使用绝对坐标，请使用"#"前缀。例如，要将对象移到原点，请在提示输入第二个点时，输入"#0,0"。

（3）动态提示：启用动态提示后，命令行的提示信息将在光标处显示。用户可以在工具栏提示（而不是命令行）中输入响应。按 [↓] 键可以查看和选择选项，按 [↑] 键可以显示最近的输入。

3.4.2　实例：绘制正多边形

利用动态输入绘制如图 3-17 所示的图形，已知圆心位置为（0,0），半径为 30 mm。

步骤提示如下：

（1）单击状态栏中的"动态输入"按钮，打开动态输入功能。

（2）调用"圆"命令，命令行提示"指定圆的圆心或 [三点（3P）/两点（2p）/切点、切点、半径（T）]："时，可见在光标处显示"动态提示"和"指针输入"，如图 3-18（a）所示，此时可直接输入 0，再按 [Tab] 键切换到 Y 坐标，也输入 0，然后按 [Space] 键，完成指定圆心坐标。

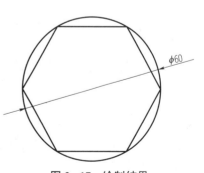

图 3-17　绘制结果

命令行提示"指定圆的半径或 [直径（D）] <0.0000>："时，在光标处显示"动态提示"

和"标注输入",如图 3-18(b)所示,此时可直接输入 30 后按[Space]键,指定圆的半径,完成圆的绘制。

(3)调用"多边形"命令。命令行提示"输入侧面数<6>:"的同时,光标处也显示提示信息,如图 3-18(c)所示,此时输入多边形的边数 6,然后按[Space]键。命令行提示"指定正多边形的中心点或[边(E)]:"的同时,光标处也显示"动态提示"与"指针输入",如图 3-18(d)所示,此时可参照步骤(2)的操作指定其中心点坐标为(0,0)。

命令行提示"输入选项[内接于圆(I)/外切于圆(c)]<I>:"的同时,光标处也显示"动态提示",单击"内接于圆"选项,如图 3-18(e)所示。

命令行提示"指定圆的半径"时,光标处也显示"动态提示"与"指针输入",此时可直接输入外接圆的半径"30",如图 3-18(f)所示;然后按[Space]键完成正六边形的绘制。绘制结果如图 3-17 所示。

图 3-18 利用动态输入绘制正多边形

(a)指定圆心;(b)指定圆半径;(c)输入边数;(d)指定中心点坐标;(e)选择正多边形类型;(f)指定圆的半径

3.4.3 设置动态输入

动态输入的设置也可以通过"草图设置"对话框的"动态输入"选项卡来完成,如图 3-19 所示。

"启用指针输入""可能时启用标注输入"和"在十字光标附近显示命令提示和命令输入" 3 个复选框分别用于开启和关闭动态输入的 3 个组件。"动态输入"选项卡包括"指针输入""标注输入"和"动态提示" 3 个设置区域。

1. 指针输入设置

单击"指针输入"区域的"设置"按钮,可弹出"指针输入设置"对话框,如图 3-20 所示。通过该对话框,可设置输入坐标的格式和可见性。格式包括极坐标与笛卡尔坐标(即直角坐标),还有绝对坐标和相对坐标。可见性是指在什么样的命令状态下显示指针输入,可设置 3 种情况：

（1）"输入坐标数据时"：即仅当开始输入坐标数据时才显示工具栏提示；

（2）"命令需要一个点时"：即只要命令提示输入点就显示工具栏提示；

（3）"始终可见 – 即使未执行命令"：即不管有无命令请求，始终显示工具栏提示。

这可分别通过选择对应的单选按钮进行设置。

图 3–19　"动态输入"选项卡

图 3–20　"指针输入设置"对话框

2. 标注输入设置

单击"标注输入"区域的"设置"按钮，可弹出"标注输入的设置"对话框，如图 3–21 所示。通过该对话框，可设置标注输入的显示特性，可通过分别选中"每次仅显示 1 个标注输入字段"和"每次显示 2 个标注输入字段"单选按钮选择显示 1 个或 2 个标注输入字段。如果选中"同时显示以下这些标注输入字段"单选按钮，则其下方的多个复选框变为可用，通过它们可选择要显示的标注字段。

3. 工具提示外观

单击"绘图工具提示外观"按钮，可弹出"工具提示外观"对话框，如图 3–22 所示，

图 3–21　"标注输入的设置"对话框

图 3–22　"工具提示外观"对话框

该对话框用于设置动态输入的外观显示。单击"颜色"按钮，可弹出"图形窗口颜色"对话框，从中可设置动态输入的颜色；在"大小"和"透明度"设置区域，可设置动态输入的大小和透明度；如果选中"替代所有绘图工具提示的操作系统设置"单选按钮，那么设置将应用于所有的工具栏提示，从而替代操作系统中的设置；如果选中"仅对动态输入工具提示使用设置"按钮，那么这些设置仅应用于动态输入中使用的绘图工具栏提示。

3.5 课 堂 实 训

利用极轴追踪功能，绘制互成 33° 的两条直线，如图 3-23 所示。

操作步骤：

（1）打开"草图设置"对话框，切换到"极轴追踪"选项卡。

（2）选中"附加角"对话框，单击"新建"按钮，新建增量角度 33°，如图 3-24 所示。

图 3-23　绘制特殊位置直线

图 3-24　"极轴追踪"选项卡

（3）先根据"直线"命令绘制出一条水平直线。

（4）捕捉到 33° 的追踪线，绘制第二条直线。

3.6 课 后 练 习

打开"草图设置"对话框，将对象捕捉模式设置为捕捉以下特征点：端点、中点、圆心、交点和垂足。

操作提示：

打开"草图设置"对话框，切换到"对象捕捉"选项卡，进行如图 3-25 所示的设置即可。

图 3-25 "对象捕捉"选项卡

第4章 二维图形的编辑

在 AutoCAD 中使用绘图命令或绘图工具可以创建出基本形体，要实现对复杂形体的绘制，就必须借助于图形编辑命令。图形编辑修改是指对图形进行修改、复制、移动、旋转、修剪和删除等操作。AutoCAD 提供了丰富的图形修改工具和命令，适当而灵活地利用这些编辑修改工具和命令，可以显著地提高绘图的效率和质量。AutoCAD 提供的常用编辑修改工具都集中在如图 4-1 所示的"修改"工具栏（也称"编辑"工具栏）中，其对应的菜单命令如图 4-2 所示。

图 4-1 "修改"工具栏　　　　图 4-2 菜单中的修改命令

AutoCAD 的编辑工具或命令，可分为三大类：一是用于生成相同、相似的对象，操作命令有复制、镜像、偏移和阵列等；二是对图形的变换，操作命令有旋转、缩放和拉伸等；三是对图形的编辑，操作命令有修剪、延伸、打断、倒角、圆角、分解和夹点编辑等。

4.1 生成相同、相似对象

众所周知，我们在绘制 AutoCAD 图纸时会遇到大量的需重复绘制的图形。如果重新绘制会影响绘图的速度甚至质量，因此学会应用复制类的命令对提高绘图的速度与质量具有十分重要的意义。

4.1.1 复制命令

1. 功能

复制操作可以从原对象以指定的角度和方向创建对象的一个或多个副本，复制生成的每个对象都是相互独立的。若使用坐标、删格捕捉、对象捕捉和其他工具还可以精确复制对象。

2. 命令调用

（1）从菜单中执行"修改"→"复制"命令；

（2）单击"修改"工具条中的"复制"按钮；

（3）在命令行中输入 CO（copy），按［Space］键。

3. 操作示例

如图 4-3 所示，我们需要复制图形到指定位置，命令行提示如下：

命令：COPY	(执行复制命令)
选择对象：	(选择图 4-3 所示的中心的圆，选择目标后确认)
当前设置：复制模式=多个	(提示我们当前的复制模式)
指定基点或[位移(D)/模式(O)]<位移>：	(选择圆的圆心)
指定第二个点或[阵列(A)]<使用第一个点作为位移>：	(选择十字线交点作为目标点)
指定第二个点或[阵列(A)/退出(E)/放弃(U)]<退出>：	(选择另一十字线交点作为目标点)
指定第二个点或[阵列(A)/退出(E)/放弃(U)]<退出>：	(选择第三个十字线交点作为目标点)
指定第二个点或[阵列(A)/退出(E)/放弃(U)]<退出>：	(选择最后一个十字线交点作为目标点)
指定第二个点或[阵列(A)/退出(E)/放弃(U)]<退出>：	(按［Esc］键退出复制命令)

结果图形如图 4-4 所示，单击"保存"按钮保存图形文件。

图 4-3 复制前   图 4-4 复制后

【选项说明】

（1）指定基点：使用由基点及后跟的第二点指定的距离和方向复制对象。指定的两点定义一个矢量，指示复制的对象移动的距离和方向。

（2）位移（D）：使用坐标指定相对距离和方向。

（3）模式（O）：控制是否自动重复此命令。若选择模式（O），则可进一步选择［单个（S）/多个（M）］两种复制模式，例如选用"多个（M）"，即可连续复制出多个副本。

4.1.2 镜像命令

1. 功能

镜像操作是把选择的对象绕指定轴翻转作对称复制。在设计中巧用镜像是非常有用的，比如一些轴对称图形，可以绘制半个对象，然后将其镜像得到整个图形。

2. 命令调用

（1）从菜单中执行"修改"→"镜像"命令；

（2）单击"修改"工具条中的"镜像"按钮 ⚠ ；

（3）在命令行中输入 MI（mirror），按［Space］键。

3. 操作示例

如图 4-5，可以通过镜像命令将图形文件翻转成我们需要绘制的结果图形。命令行提示如下：

命令：MIRROR	（执行镜像命令）
选择对象：	（选择图 4-5 所示除中心线外的所有直线）
	（选择目标后按［Space］键确认）
指定镜像线的第一点：	（指定中心线上的某一点）
指定镜像线的第二点：	（指定中心线上的另一点）
要删除对象吗？［是(Y)/否(N)]<N>：	（确定是否删除原对象）

这两点确定一条镜像线，被选择的对象以该线为对称轴进行镜像，得到如图 4-6 所示图形，单击"保存"按钮保存图形文件。

图 4-5　镜像前　　　　　　　　　　　　　图 4-6　镜像后

【选项说明】

在默认情况下，镜像文字、属性和属性定义时，它们在镜像图像中不会反转或倒置。文字的对齐和对正方式在镜像对象前后相同。如果确实要反转文字，请将"MIRRTEXT"系统变量设置为 1。

4.1.3 实例：绘制压盖

绘制如图 4-7 所示的压盖。

步骤提示：

（1）绘制中心线（除最右侧竖线外）；

（2）利用"圆"命令分别捕捉两中心线交点为圆心，指定适当的半径绘制两个圆；

（3）利用直线命令，结合对象捕捉功能，绘制一条切线；

（4）利用"镜像"命令，以水平中心线为对称线镜像刚绘制的切线；

（5）按［Space］键重复上一命令，以中间竖直中心线为对称线，选择对称线左边的图形对象，进行镜像。

图 4-7   压盖

4.1.4   偏移命令

1. 功能

偏移与复制命令类似，不同的是"偏移"命令要输入新旧两图形的具体距离，即偏移值。偏移对象命令可以将指定的直线、圆、圆弧等对象作等距复制，即创建一个与选定对象类似的新对象，并将偏移的对象放置在离原对象一定距离的位置上，同时保留原对象。

2. 命令调用

（1）从菜单中执行"修改"→"偏移"命令；

（2）单击"修改"工具条中的"偏移"按钮 ⬛；

（3）在命令行中输入 O（offset），按［Space］键。

3. 操作示例

如图 4-8 所示，我们可以完成所示图形的偏移，命令行提示如下：

命令：OFFSET   (执行偏移命令)
当前设置：删除源=否图层=源 OFFSETGAPTYPE=0
指定偏移距离或[通过(T)/删除(E)/图层(L)]<通过>:5 (输入偏移距离 5,按［Space］键)
选择要偏移的对象,或[退出(E)/放弃(U)]<退出>:   (单击鼠标左键,选择直线)
指定要偏移的那一侧上的点,或[退出(E)/多个(M)/放弃(U)]<退出>:
                                  (鼠标移到直线左上方空白处,单击指定方向)
选择要偏移的对象,或[退出(E)/放弃(U)]<退出>:   (选择圆形)
指定要偏移的那一侧上的点,或[退出(E)/多个(M)/放弃(U)]<退出>:
                                  (鼠标移到圆外侧,单击指定方向)
选择要偏移的对象,或[退出(E)/放弃(U)]<退出>:   (选择圆弧)
指定要偏移的那一侧上的点,或[退出(E)/多个(M)/放弃(U)]<退出>:
                                  (鼠标移到圆弧外侧,单击指定方向)
选择要偏移的对象,或[退出(E)/放弃(U)]<退出>:   (选择五边形)
指定要偏移的那一侧上的点,或[退出€/多个(M)/放弃(U)]<退出>:
                                  (鼠标移到五边形外侧,单击指定方向)

结果图形如图 4-9 所示，单击"保存"按钮保存图形文件。

(a)   (b)   (c)   (d)   (a)   (b)   (c)   (d)
图 4-8   偏移前   图 4-9   偏移后

【选项说明】

（1）指定偏移距离：输入一个距离值，按［Space］键，系统把该距离值作为偏移距离，如图 4-9 所示。

（2）通过（T）：指定偏移对象要通过的点。

（3）删除（E）：指定是否在执行偏移命令后，删除源图形对象。

（4）图层（L）：确定将偏移对象创建在当前图层上还是源对象所在的图层上。

4.1.5　实例：绘制挡圈

绘制如图 4-10 所示的挡圈。

步骤提示：

（1）绘制中心线；

（2）利用"圆"命令捕捉两中心线交点为圆心，指定适当的半径绘制一个圆；

（3）利用"偏移"命令，绘制出其余三个同心圆；

（4）利用"圆"命令绘制小孔。

图 4-10　挡圈

4.1.6　阵列命令

1. 功能

阵列命令可以将被阵列的源对象按一定的规则复制多个副本并进行阵列排列。阵列包括矩形阵列、环形阵列和路径阵列三种。在二维制图中使用矩形阵列，可以控制行和列的数目以及它们之前的距离；使用环形阵列，可以围绕中心点在环形阵列中均匀分布对象副本；使用路径阵列，可以沿路径或部分路径均匀分布对象副本。注意在创建阵列的过程中可以设置阵列的关联性。

2. 命令调用

（1）从菜单中执行"修改"→"阵列"→"矩形阵列"/"路径阵列"/"环形阵列"命令；

（2）单击"修改"工具条中"矩形阵列"按钮 ；

（3）在命令行中输入 AR（array），按［Space］键。

3. 操作示例

下面通过实例分别介绍矩形阵列、环形阵列和路径阵列的具体操作方法。

1）矩形阵列

可以通过阵列命令将原图形文件阵列成我们需要绘制的结果图形。命令行提示如下：

选择对象：　　　　　　　　　　　　　　　　　（选择要阵列的原图形）

类型 = 矩形关联 = 否

选择夹点以编辑阵列或［关联（AS）/基点（B）/计数（COU）/间距（S）/列数（COL）/行数（R）/层数（L）/退出（X）］<退出>：

COU　　　　　　　　　　　　　　　　（选择计数选项以确定阵列的行数和列数）

输入列数或［表达式（E）］<4>:4　　　　　　（4 列）

输入行数数或［表达式（E）］<3>:4　　　　　（4 行）

选择夹点以编辑阵列或［关联（AS）/基点（B）/计数（COU）/间距（S）/列数（COL）/行数（R）/层数

```
(L)/退出(X)]<退出>:
    S                                      (确定行间距和列间距)
    指定列之间的距离或[单位单元(U)]<25.9443>:25   (列间距25)
    指定行之间的距离<25.9443>:20              (行间距20)
    选择夹点以编辑阵列或[关联(AS)/基点(B)/计数(COU)/间距(S)/列数(COL)/行数(R)/层数
(L)/退出(X)]<退出>:
    as
    创建关联阵列[是(Y)/否(N)]<否>:n            (确定所创建的副本之间不关联)
    选择夹点以编辑阵列或[关联(AS)/基点(B)/计数(COU)/间距(S)/列数(COL)/行数(R)/层数
(L)/退出(X)]<退出>:
```

图 4-11 所示为阵列前的图形，阵列后的效果如图 4-12 所示。

图 4-11　阵列前　　　　　　　　　　图 4-12　阵列后

【注意】

在矩形阵列中，行偏移和列偏移有正负之分。默认情况下，若行偏移为正值，则行添加在上面；反之，则添加在下面。若列偏移为正值，则列添加在右侧；反之，则列添加在左侧。

2）环形阵列

可以通过阵列命令将原图形文件阵列成我们需要绘制的结果图形。命令行提示如下：

```
命令:ARRAYPOLAR
选择对象:找到 1 个                            (选择最小的圆作为要阵列的对象)
选择对象:
类型 = 极轴关联 = 否
指定阵列的中心点或[基点(B)/旋转轴(A)]:       (选择大圆的圆心作为中心点)
选择夹点以编辑阵列或[关联(AS)/基点(B)/项目(I)/项目间角度(A)/填充角度(F)/行(ROW)/层
(L)/旋转项目(ROT)/退出(X)]<退出>:I           (选择项目选项)
输入阵列中的项目数或[表达式(E)]<6>:5          (输入阵列后希望得到的图形数量)
选择夹点以编辑阵列或[关联(AS)/基点(B)/项目(I)/项目间角度(A)/填充角度(F)/行(ROW)/层
(L)/旋转项目(ROT)/退出(X)]<退出>:F           (选择填充角度选项)
指定填充角度(+=逆时针、-=顺时针)或[表达式(EX)]<360>: (输入 0~360 任意角度数)
选择夹点以编辑阵列或[关联(AS)/基点(B)/项目(I)/项目间角度(A)/填充角度(F)/行(ROW)/层
```

(L) /旋转项目 (ROT) /退出 (X)]<退出>:AS

创建关联阵列 [是 (Y) /否 (N)]<否>:y　　　　　　　　　　　（确定所创建的副本之间相关联）

选择夹点以编辑阵列或 [关联 (AS) /基点 (B) /项目 (I) /项目间角度 (A) /填充角度 (F) /行 (ROW) /层 (L) /旋转项目 (ROT) /退出 (X)]<退出>:

图 4-13 所示为阵列前的图形，创建好该环形阵列的效果如图 4-14 所示。该环形阵列为关联阵列，整个阵列为单一对象，所以阵列对象作为整体可以进行编辑和修改，方法如下：在绘图区双击阵列对象，会弹出图 4-15 所示的"快捷特性"选项板，可以利用它们对所选的阵列对象进行快捷的编辑和修改。

图 4-13　环形阵列前

图 4-14　环形阵列后

阵列(环形)	
图层	中心线即点划线
方向	逆时针
项数	5
项目间的角度	72
填充角度	360
旋转项目	是

图 4-15　"快捷特性"选项板

3）路径阵列

可以通过路径阵列命令将原图形文件阵列成我们需要绘制的结果图形。命令行提示如下：

命令：ARRAYPATH

选择对象:找到 1 个　　　　　　　　　　　（选择图 4-16 所示的三角形对象）

选择对象:

类型 = 路径关联 = 是

选择路径曲线:　　　　　　　　　　　（选择图 4-16 所示的二维多段线）

选择夹点以编辑阵列或 [关联 (AS) /方法 (M) /基点 (B) /切向 (T) /项目 (I) /行 (R) /层 (L)' /对齐项目 (A) /Z 方向 (Z) /退出 (X)]<退出>:M　　　　（选择方法选项）

输入路径方法 [定数等分 (D) /定距等分 (M)]<定距等分>:D　（在多段线上选择按数目等分的方式）

选择夹点以编辑阵列或 [关联 (AS) /方法 (M) /基点 (B) /切向 (T) /项目 (I) /行 (R) /层 (L) /对齐项目 (A) /Z 方向 (Z) /退出 (X)]<退出>:I　　　　（选择项目选项）

输入沿路径的项目数或 [表达式 (E)]<16>:10　　　（输入阵列后的三角形个数）

选择夹点以编辑阵列或 [关联 (AS) /方法 (M) /基点 (B) /切向 (T) /项目 (I) /行 (R) /层 (L) /对齐项目

(A)/Z 方向(Z)/退出(X)]<退出>:AS

　　创建关联阵列[是(Y)/否(N)]<是>:N　　　　　　　　(确定所创建的副本之间不关联)

　　选择夹点以编辑阵列或[关联(AS)/方法(M)/基点(B)/切向(T)/项目(I)/行(R)/层(L)/对齐项目(A)/Z 方向(Z)/退出(X)]<退出>:

完成该路径的阵列效果如图 4-17 所示。

图 4-16　路径阵列前

图 4-17　路径阵列后

　　在命令行中输入"ARRAYCLASSIC"，可弹出"阵列"命令的经典对话框，如图 4-18 和图 4-19 所示。用此对话框可更直观地执行矩形阵列和环形阵列命令。

图 4-18　"阵列"对话框

图 4-19　"环形阵列"单选项标签

4.1.7 实例：绘制图形

绘制如图 4-20 所示的图形。

步骤提示：

（1）利用"直线"或"矩形"命令绘制最外侧长方形；

（2）根据图示尺寸，利用"圆"和"直线"命令绘制左下角的中心线及圆形；

（3）利用"ARRAYCLASSIC"命令，调用如图 4-18 所示的对话框，输入行数"2"，列数"4"，行偏移"16"，列偏移"20"，阵列角度"30°"，最终结果如图 4-20 所示。

图 4-20　阵列图形

4.2　变 换 对 象

这一类编辑命令的功能是按照指定要求改变当前图形或图形的某部分的位置，主要包括移动、旋转、缩放和拉伸命令。

4.2.1 移动命令

1. 功能

移动命令是把单个对象或多个对象从一个位置移动到另一个位置，但不会改变对象的方位和大小。

2. 命令调用

（1）从菜单中执行"修改"→"移动"命令；

（2）单击"修改"工具条中的"移动"按钮 ✥；

（3）在命令行中输入 M（move），按［Space］键。

3. 操作示例

该命令选项功能与"复制"命令类似。命令行提示如下：

命令：MOVE

选择对象:找到 1 个　　　　　　　　　　　　　　　　　（选择一个或多个对象）

选择对象:

指定基点或[位移(D)]<位移>:　　　　　　　　　　　　（指定基点或位移）

指定第二个点或<使用第一个点作为位移>:

【选项说明】

（1）指定基点：使用由基点及后跟的第二点指定的距离和方向复制对象。指定的两点定义一个矢量，指示复制的对象移动的距离和方向。

（2）位移（D）：使用坐标指定相对距离和方向。

4.2.2　旋转命令

1. 功能

可以绕指定基点旋转图形中的对象。旋转对象的方式包括：按指定角度旋转对象；通过拖动旋转对象；旋转对象到绝对角度等。

2. 命令调用

从菜单中执行"修改"→"旋转"命令；

单击"修改"工具条中的"旋转"按钮；

在命令行中输入 RO（rotate），按［Space］键。

3. 操作示例

命令：ROTATE

UCS 当前的正角方向:ANGDIR=逆时针　ANGBASE=0

选择对象:　　　　　　　　　　　　　　　　　　　　（选择要旋转的对象）

指定基点:　　　　　　　　　　　　　　　　　　　　（指定旋转的基点）

指定旋转角度,或[复制(C)/参照(R)]<0>:　　　　　（指定旋转角度或其他选项）

【选项说明】

（1）复制（C）：选择该项，在旋转对象的同时，保留原对象。

（2）参照（R）：选择该项，可以将未知角度的图形旋转至与目标对象同一角度。如图 4-21 所示，可以把上方的粗实线旋转到下方的点画线的方向上，使二者完全重合。系统操作如下：

命令：ROTATE

UCS 当前的正角方向:ANGDIR=逆时针　ANGBASE=0

找到 1 个　　　　　　　　　　　　　　　　　　　　（选择粗实线）

指定基点:　　　　　　　　　　　　　　　　　　　　（第一点指定两线交点为基点）

指定旋转角度,或[复制(C)/参照(R)]<306>:R　　　（选择参照选项）

指定参照角<28>:指定第二点:　　　　　　　　　　　（第二点指定要旋转直线的另一点）

指定新角度或[点(P)]<335>:　　　　　　　　　　　（选择参照直线的另一点）

【注意】

参照旋转的前提是二者要有交点，才能让前者参照后者旋转。

(a)   (b)

图 4-21　参照旋转

（a）旋转前；（b）旋转后

4.2.3　实例：绘制曲柄

绘制如图 4-22 所示的曲柄。

图 4-22　曲柄

步骤提示：

（1）绘制曲柄水平部分；

（2）通过复制旋转得到整个图形。

4.2.4　缩放命令

1. 功能

缩放命令可以将对象按指定的比例因子相对于基准点进行尺寸缩放，比例因子大于 0 而小于 1 时缩小对象，比例因子大于 1 时放大对象。

2. 命令调用

（1）从菜单中执行"修改"→"缩放"命令；

（2）单击"修改"工具条中的"缩放"按钮 ；

（3）在命令行中输入 SC（scale），按［Space］键。

3. 操作示例

如图 4-23 所示，通过缩放命令将原图形复制放大一倍。命令行提示如下：

命令：SCALE

选择对象:指定对角点:找到 3 个　　　　　　　　　　　　　　　（全部选中原图形）

选择对象:

指定基点:　　　　　　　　　　　　　　　　　　　　　　　　　（指定圆心为基点）

指定比例因子或[复制(C)/参照(R)]:C　　　　　　　　　　　　　（选择复制缩放对象）

缩放一组选定对象。

指定比例因子或[复制(C)/参照(R)]:2　　　　　　　　　　　　　（设置比例因子为2）

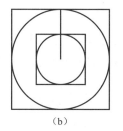

（a）　　　　　　　　　　　（b）

图 4-23　复制缩放

（a）原图形；（b）缩放后

【选项说明】

（1）复制（C）：选择该项，在复制对象的同时，保留原对象。

（2）参照（R）：参照缩放模式会要求提供两个数据，缩放比例 = 参照长度 / 新的长度。

4.2.5　拉伸命令

1. 功能

使用拉伸命令，可以将所选对象在其他端点不动的前提下，通过拉伸选定的端点，达到使对象形状发生变化的目的。

2. 命令调用

（1）从菜单中执行"修改"→"拉伸"命令；

（2）单击"修改"工具条中的"拉伸"按钮 ；

（3）在命令行中输入 S（stretch），按［Space］键。

3. 操作示例

在图 4-24 所示的示例中，其命令行提示如下：

命令：STRETCH

以交叉窗口或交叉多边形选择要拉伸的对象...

选择对象:指定对角点:找到 3 个　　　　　　（使用鼠标光标从图 4-24 所示的点 1 拖移到点 2 处）

选择对象:

指定基点或[位移(D)]<位移>:0,0

指定第二个点或<使用第一个点作为位移>:30,0（将图形拉长 30mm）

图 4-24　拉伸对象

【注意】

拉伸命令必须通过框选或围选的方式才能进行，例如圆、椭圆和块都无法进行拉伸。拉伸命令既可以拉伸实体，又可以移动实体。若选择的对象全部在选择窗口内，则拉伸命令可以将对象从基点移动到终点；若选择对象只有部分在选择窗口内，则拉伸命令可以对实体进行拉伸。

对于由直线、圆弧、区域填充和多段线等对象，若其所有部分均在选择窗口内，它们将被移动，若只有一部分在选择窗口内，则遵循以下拉伸原则。

（1）直线：位于窗口外的端点不动，位于窗口内的端点移动。

（2）圆弧：与直线类似，但圆弧的弦高保持不变，需调整圆心的位置和圆弧的起始角和终止角的值。

（3）区域填充：位于窗口外的端点不动，位于窗口内的端点移动。

（4）多段线：与直线和圆弧类似，但多段线两端的宽度、切线方向及曲线拟合信息均不变。

（5）其他对象：如果其定义点位于选择窗口内，对象可移动，否则不动。

4.3 编 辑 对 象

在使用 AutoCAD 绘制图形的过程中，使用这一类的编辑命令在对指定对象进行编辑后，会使编辑对象的几何特性或本身的某些特性发生改变，从而方便地进行图形绘制。

4.3.1 修剪命令

1. 功能

绘制好基本的图形后，通常要将一些不需要的线段修剪掉，使图线精确地终止于指定的边界。被修剪的对象可以是直线、圆、弧、多段线、样条曲线和射线等。选择要修剪的对象，系统将以剪切边为边界，将被修剪对象上位于拾取点一侧的部分修剪掉。

2. 命令调用

（1）从菜单中执行"修改"→"修剪"命令；

（2）单击"修改"工具条中的"修剪"按钮 ⌐；

（3）在命令行中输入 TR（trim），按［Space］键。

3. 操作示例

在图示 4−25 所示的图形文件里，我们需要将矩形的 A、B 两个角修剪掉，命令行提示如下：

命令：TRIM   （执行修剪命令）

当前设置：投影=UCS,边=无

选择剪切边...

选择对象或<全部选择>:找到 1 个   （选择图形中 A 点对应的圆弧）

选择对象：   （按［Space］键完成对象的选择）

选择要修剪的对象,或按住 Shift 键选择要延伸的对象,或[栏选(F)/窗交(C)/投影(P)/边(E)/删除(R)/放弃(U)]：   （选择 A 点处需要修剪的水平线,结果如图 4−26 所示）

选择要修剪的对象,或按住 Shift 键选择要延伸的对象,或[栏选(F)/窗交(C)/投影(P)/边(E)/删除(R)/放弃(U)]：   （接着选择竖线,结果如图 4−27 所示）

选择要修剪的对象,或按住 Shift 键选择要延伸的对象,或[栏选(F)/窗交(C)/投影(P)/边(E)/删除(R)/放弃(U)]：   （按［Space］键结束修剪操作）

依照同样的方法修剪图 4-25 中的 B 角，修剪后的结果图形如图 4-28 所示。

图 4-25 图形文件　　　　　　　　图 4-26 修剪一

图 4-27 修剪二　　　　　　　　图 4-28 结果文件

【选项说明】

（1）全部选择：按［Space］键可快速选择所有可见的几何图形，用作剪切边或边界边。

（2）栏选（F）：使用栏选的方式一次性选择多个需要进行修剪的对象。

（3）窗交（C）：使用框选的方式一次性选择多个需要进行修剪的对象。

（4）投影（P）：指定修剪对象时，AutoCAD 使用投影模式，该选项常在三维绘图中应用。

（5）边（E）：可以选择对象的修剪方式。延伸（E）：延伸边界进行修剪，在此方式下，如果剪切边没有与要修建的对象相交，系统会延伸剪切边直至与对象相交，然后再修剪。不延伸（N）：不延伸边界修剪对象，只修剪与剪切边相交的对象。

（6）删除（R）：直接删除选择的对象。

（7）放弃（U）：撤销上一步修剪操作。

【注意】

在命令行中执行 TR（trim）命令的过程中，按住［Shift］键可转换为执行"延伸"命令，如在选择要修剪的对象时，某线段未与修剪边界相交，则按住［Shift］键后单击该线段，可将其延伸到最近的边界。

4.3.2 实例：绘制卡盘

绘制如图 4-29 所示的卡盘。

步骤提示：

（1）先利用"圆""直线"和"多段线"命令绘制图形的中间和右上部分，如图 4-30 所示。

（2）再利用"镜像"命令分别以水平和竖直中心线为轴，镜像所绘制的图形。

图 4-29 卡盘

（3）利用"修剪"命令修剪所绘制的图形，命令行提示如下：

命令：TRIM

当前设置:投影=UCS,边=无选择剪切边...

选择对象或<全部选择>： （选择外边界作为剪切边,如图4-31所示的虚线切线）

...总计 4 个

选择对象：

选择要修剪的对象,或按住 Shift 键选择要延伸的对象,或[栏选(F)/窗交(C)/投影(P)/边(E)/删除(R)/放弃(U)]： （分别选择中间大圆的左右段）

图4-30　绘制右上部分　　　　　　图4-31　选择对象

4.3.3　延伸命令

1. 功能

延伸与修剪的操作方法基本相同。延伸命令可以将被选对象精确地延伸至由其他对象定义的边界边，这些边界可以是直线、圆弧等。

2. 命令调用

（1）从菜单中执行"修改"→"延伸"命令；

（2）单击"修改"工具条中的"延伸"按钮——／；

（3）在命令行中输入 EX（extend），按［Space］键。

3. 操作示例

在图4-32所示的轴图形中，竖直直线L和点A之间缺少一条直线段，为了保证图形的完整性，可以利用"延伸"命令，将直线L延长至A点处。命令行提示如下：

命令：EXTEND （执行延伸命令）

当前设置:投影=UCS,边=无

选择边界的边...

选择对象或<全部选择>:找到 1 个 （选择延伸的终止线,即A点所在的水平线）

选择对象： （确认选择的对象,同时结束对象选择）

选择要延伸的对象,或按住 Shift 键选择要修剪的对象,或[栏选(F)/窗交(C)/投影(P)/边(E)/放弃(U)]： （选择要延伸的线,即竖线L）

选择要延伸的对象,或按住 Shift 键选择要修剪的对象,或[栏选(F)/窗交(C)/投影(P)/边(E)/放弃(U)]:*取消* （按［Esc］键取消延伸命令）

延伸后的结果图形如图4-33所示。

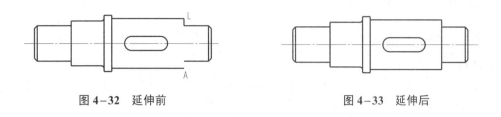

图 4-32　延伸前　　　　　　　　　　　　图 4-33　延伸后

【注意】

选择对象时，如果按住［Shift］键，系统就自动将"延伸"命令转换成"修剪"命令。

4.3.4　打断命令

1. 功能

AutoCAD 提供了实用的"打断"功能，可以将一个对象打断为两个对象，从而对其中之一进行操作。"打断"命令可以应用在大多数几何对象上，但不包括块、标注、多段线和面域对象。

2. 命令调用

（1）从菜单中执行"修改"→"打断"命令；

（2）单击"修改"工具条中的"打断"按钮［ ］；

（3）在命令行中输入 BR（break），按［Space］键。

3. 操作示例

"打断"命令又称"以两点方式打断对象"，它可以在对象上创建两个打断点，使对象以一定的距离断开。命令行提示如下：

命令：BREAK	(执行打断命令)
选择对象：	(选择要打断的对象,默认拾取点作为第一个断点)
指定第二个打断点或［第一点(F)］：	(在对象上要打断的另一位置单击)

如图 4-34 所示，两打断点之间的直线被删除。

（a）　　　　　　　　　　（b）　　　　　　　　　　（c）

图 4-34　在两点之间打断选定的对象

（a）选择要打断的对象；（b）指定第二个打断点；（c）打断效果

【注意】

（1）默认情况下，以选择对象时的拾取点作为第一个断点，然后再指定第二个断点。如果直接选取对象上的另一点或者在对象的一端之外拾取一点，这时将删除对象上位于两个拾取点之间的部分。

（2）在确定第二个打断点时，如果在命令行输入@，可以使第一个和第二个断点重合，从而将对象一分为二。

（3）在对圆、矩形等封闭图形使用打断命令时，AutoCAD 将沿逆时针方向把第一断点到第二断点之间的线段删除。

4.3.5　打断于点命令

1. 功能

打断于点与打断命令类似，是将对象在指定点处被一分为二，但两者之间没有间隙。

2. 命令调用

（1）从菜单中执行"修改"→"打断于点"命令；

（2）单击"修改"工具条中的"打断"按钮 □。

3. 操作示例

输入此命令后，命令行提示如下：

命令：BREAK	（执行打断于点命令）
选择对象：	（选择要打断的对象）
指定第二个打断点或[第一点(F)]：_f	（系统自动执行"第一点(F)"选项）
指定第一个打断点：	（选择打断点）
指定第二个打断点：@	（系统自动忽略此提示）

4.3.6　合并命令

1. 功能

合并命令可以将相似的对象合并以形成一个完整的对象，可以合并的对象包括圆弧、椭圆弧、直线、多段线和样条曲线。

2. 命令调用

（1）从菜单中执行"修改"→"合并"命令；

（2）单击"修改"工具条中的"合并"按钮 ➡；

（3）在命令行中输入 J（join），按［Space］键。

3. 操作示例

例如，在图 4-35 中，将两根线段合并成一根直线段（成为一个完整的对象）。命令行提示如下：

命令：JOIN	（执行合并操作）
选择源对象或要一次合并的多个对象：找到 1 个	（选择一根线段）
选择要合并的对象：找到 1 个,总计 2 个	（选择另一根线段）
2 条直线已合并为1 条直线	

图 4-35　将两根线段合并成一根直线段

【注意】

在对同一个圆上的两段圆弧进行合并时，要注意选择对象的先后顺序对合并结果的影响，在默认情况下，圆弧合并是沿逆时针方向进行的。如果选择"闭合（L）"选项，表示可以将选择的任意一段圆弧闭合为一个整圆。

4.3.7 分解命令

1. 功能

使用该命令可以将合成对象进行分解。

2. 命令调用

（1）从菜单中执行"修改"→"分解"命令；

（2）单击"修改"工具条中的"分解"按钮 ；

（3）在命令行中输入 EXP（explode），按［Space］键。

3. 操作示例

例如，在图 4-36 中，将齿轮的图案填充部分进行分解。命令行提示如下：

命令：EXPLODE	（执行分解命令）
选择对象：找到 1 个	（选择图 4-36 所示的图案填充部分）
选择对象：	（按［Space］键确认）
已删除图案填充边界关联性。	

分解之后的图案填充如图 4-37 所示，每条直线都是独立存在的，相互之间没有任何关联。

图 4-36 原图形   图 4-37 分解结果图

4.3.8 倒角命令

1. 功能

在机械制图中，倒角是较为常见的一种结构表现形式。AutoCAD 中，可直接使用倒角命令，在两个不平行的线型对象之间生成斜线倒角。可以倒角的图形包括直线、多段线、射线、构造线和三维实体。

2. 命令调用

（1）从菜单中执行"修改"→"倒角"命令；

（2）单击"修改"工具条中的"倒角"按钮 ；

（3）在命令行中输入 CHA（chamfer），按［Space］键。

3. 操作示例

下面我们利用"倒角"命令，将图 4-38 中矩形的 A、B、C 和 D 四个角进行倒角（距离和角度为 5 mm×45°）。命令行提示如下：

命令：CHAMFER   (执行倒角命令)

（"修剪"模式）当前倒角距离 1 = 1.0000,距离 2 = 1.0000   (显示当前的系统设置)

选择第一条直线或[放弃(U)/多段线(P)/距离(D)/角度(A)/修剪(T)/方式(E)/多个(M)]:D

(选择倒角的修剪方式)

指定第一个倒角距离<1.0000>:5   (设置第一个倒角距离,5 mm)

指定第二个倒角距离<1.0000>:5   (设置第二个倒角距离,5 mm)

选择第一条直线或[放弃(U)/多段线(P)/距离(D)/角度(A)/修剪(T)/方式(E)/多个(M)]:

(选择拐点 A 处的水平直线)

选择第二条直线,或按住 Shift 键选择直线以应用角点或[距离(D)/角度(A)/方法(M)]:

(选择拐点 A 处的竖直直线)

倒完 A 点后的结果如图 4-39 所示。

再以同样的方法对 B、C 和 D 三个角创建倒角。倒角后的结果如图 4-40 所示。

图 4-38　矩形

图 4-39　倒角一次

图 4-40　结果图形

【选项说明】

（1）放弃（U）：恢复在命令中执行的上一个操作。

（2）多段线（P）：以当前设置的倒角大小对多段线的各顶点倒角。如果多段线包含的线段过短以至于无法容纳倒角距离，则不对这些线段倒角。

（3）距离（D）：设置倒角大小，即倒角与选定边端点间的距离。如果将两个距离均设置为零，"倒角"命令将延伸或修剪两条直线，以使他们终止于同一点。

（4）角度（A）：根据第一个倒角距离和角度来设置倒角尺寸。

（5）修剪（T）：设置倒角后是否保留原拐角边。

（6）方式（E）：设置倒角的方法，命令行显示"输入修剪方法［距离（D）/角度（A）］<距离>:"，"距离（D）"是以两条边的倒角距离来创建倒角，"角度（A）"是以一条边的距离及相应的角度来创建倒角。

（7）多个（M）：对多个对象创建倒角。

4.3.9　实例：绘制齿轮轴

绘制如图 4-41 所示的齿轮轴。

步骤提示：

（1）先利用"直线"和"偏移"命令绘制图形的上半部分轮廓线，如图 4-42 所示。

（2）再利用"修剪"命令，修剪相关图线，结果如图 4-43 所示。

（3）利用"镜像"命令将上步绘制的轴以水

图 4-41　齿轮轴

平中心线为镜像线进行镜像，结果如图 4-44 所示，并完成倒角处理。

（4）利用"偏移"命令，绘制键槽圆心位置，并利用"圆"和"直线"命令完成图 4-45 的绘制，最后通过"修剪"等完成如图 4-41 所示的齿轮轴的绘制。

图 4-42   偏移直线   图 4-43   修剪处理

图 4-44   镜像处理   图 4-45   绘制键槽

4.3.10   圆角命令

1. 功能

圆角命令可以创建出与对象相切并且具有指定半径的圆弧。

2. 命令调用

（1）从菜单中执行"修改"→"圆"命令；

（2）单击"修改"工具条中的"倒圆"按钮 ⬜；

（3）在命令行中输入 F（fillet），按［Space］键。

3. 操作示例

操作方法与"倒角"命令类似，命令行提示如下：

命令：FILLET	(执行圆角命令)
当前设置：模式 = 修剪,半径 = 2.0000	(提示系统当前设置)
选择第一个对象或[放弃(U)/多段线(P)/半径(R)/修剪(T)/多个(M)]：	(选择第一对象或其他选项)
选择第二个对象,或按住 Shift 键选择对象以应用角点或[半径(R)]：	(选择第二个对象)

对直线创建圆角命令后，效果如图 4-46 所示。

（a）   （b）

图 4-46   圆角连接

（a）修剪方式；（b）不修剪方式

【选项说明】

（1）放弃（U）：恢复在命令中执行的上一个操作。

（2）多段线（P）：以当前设置的圆角大小对多段线的各顶创建圆角。

（3）半径（R）：定义圆角半径的尺寸。

（4）修剪（T）：确定创建圆角后，是否对选定边进行修剪，如图 4-46 所示。

（5）多个（M）：同时对多个对象创建圆角。

4.3.11 实例：绘制图形

绘制如图 4-47 所示的图形。

步骤提示：

（1）利用中心线图层绘制两条中心线；再利用"偏移"命令，确定部分轮廓线所在位置，并用粗实线描出，如图 4-48 所示。

（2）利用"圆角"命令，可直接生成图 4-49 中所示的半圆弧 3，命令提示如下：

图 4-47 倒角图形

命令：FILLET　　　　　　　　　　　　　　　　　　　　　（执行圆角命令）

当前设置：模式 = 不修剪,半径 = 8.0000　　　　　　　　　（系统当前参数）

选择第一个对象或[放弃(U)/多段线(P)/半径(R)/修剪(T)/多个(M)]:R（选择半径选项）

指定圆角半径<8.0000>:6　　　　　　　　　　（如图 4-47 所示,圆角半径 6mm）

选择第一个对象或[放弃(U)/多段线(P)/半径(R)/修剪(T)/多个(M)]:（选择图 4-48 中的直线 1）

选择第二个对象,或按住 Shift 键选择对象以应用角点或[半径(R)]:（选择图 4-48 中的直线 2）

图 4-48 偏移直线

图 4-49 轮廓图形

再利用"倒角"命令，在图 4-48 中的 A 点处，创建不等边倒角，命令行提示如下：

命令：CHAMFER　　　　　　　　　　　（执行倒角命令）

（"不修剪"模式）当前倒角距离 1 = 1.0000,距离 2 = 1.0000　（系统当前参数）

选择第一条直线或[放弃(U)/多段线(P)/距离(D)/角度(A)/修剪(T)/方式(E)/多个(M)]:D

　　　　　　　　　　　　　　　　　　　　　　　　　　　（设置倒角距离）

指定第一个倒角距离<1.0000>:8　　　　　（根据已知数据,A 点处,水平边的距离值是 8mm）

指定第二个倒角距离<8.0000>:12　　　　　（根据已知数据,A 点处,竖直边的距离值是 12mm）

选择第一条直线或[放弃(U)/多段线(P)/距离(D)/角度(A)/修剪(T)/方式(E)/多个(M)]:T

　　　　　　　　　　　　　　　　　　　　　　　　　　　（选择修剪选项）

输入修剪模式选项[修剪(T)/不修剪(N)]<不修剪>:T　　　　（选择修剪模式）

选择第一条直线或[放弃(U)/多段线(P)/距离(D)/角度(A)/修剪(T)/方式(E)/多个(M)]:

　　　　　　　　　　　　　　　　　　　　　　　　　（选择 A 点处水平直线）

选择第二条直线,或按住 Shift 键选择直线以应用角点或[距离(D)/角度(A)/方法(M)]:

(选择 A 点竖直直线)

根据同样的方法，在 B 点处创建倒角，生成图 4-49 所示轮廓图形。

（3）利用"合并"命令将图 4-49 中的直线 1、直线 2 和圆弧 3 合并成一个完整的对象，然后使用"偏移"命令，设置偏移距离为 2，通过一次偏移，即可生成如图 4-50 所示的等距对象。

（4）利用"镜像"命令，将以上所绘图形以竖直中心线为镜像线进行镜像处理；并利用"圆角"命令，选择"不修剪"模式，生成如图 4-51 所示图形；最后通过"修剪"命令完成如图 4-47 所示的图形。

图 4-50　偏移对象　　　　　　图 4-51　镜像并倒圆角

4.4　对象特性修改

在编辑对象时，还可以对图形对象本身的某些特性进行编辑，从而方便地进行图形绘制。

4.4.1　钳夹功能

1. 功能

利用钳夹功能可以快速方便地编辑对象。AutoCAD 在图形对象上定义了一些特殊点，称为夹持点，利用夹持点可以灵活地控制对象，如图 4-52 所示。

图 4-52　夹持点

2. 命令调用

要使用钳夹功能编辑对象前需先打开钳夹功能，方法是："工具"→"选项"→"选择集"。在"选择集"选项卡的夹点选项组下面，打开"显示夹点"复选框。在该页面上还可以设置代表夹点的小方格的尺寸和颜色，如图 4–53 所示。也可以通过 GRIPS 系统变量控制是否打开钳夹功能，1 代表打开，0 代表关闭。

3. 操作示例

打开了钳夹功能后，应该在编辑对象之前先选择对象。夹点表示了对象的控制位置。使用夹点编辑对象，要选择一个夹点作为基点，称为基准夹点。然后，选择一种编辑操作：镜像、移动、旋转、拉伸和缩放。可以用［Space］键或键盘上的快捷键循环选择这些功能。

下面仅就其中的拉伸对象操作为例进行讲述，其他操作类似。在图形上拾取一个夹点，该夹点改变颜色，此点为夹点编辑的基准点。这时系统提示：

** 拉伸 **

指定拉伸点或［基点(B) /复制(C) /放弃(U) /退出(X)］：

在上述拉伸编辑提示下输入镜像命令或右击鼠标在右键快捷菜单中选择"镜像"命令，如图 4–54 所示。系统就会转换为"镜像"操作，其他操作类似。

图 4–53 选择集对话框

图 4–54 快捷菜单

4.4.2 实例：利用钳夹功能编辑图形

1. 功能

绘制如图 4–55 所示图形，并利用夹点功能编辑成图 4–56 所示的图形。

图 4–55 绘制图形

图 4–56 编辑图形

步骤提示：

（1）利用"直线"和"圆"命令绘制图形轮廓。

（2）利用"图案填充"命令进行图案填充。输入填充命令，系统打开"边界图案填充"对话框，如图 4–57 所示，结果如图 4–58 所示。

【注意】

一定要选择"选项"中"关联"单选按钮和"创建独立的图案填充"按钮，如图 4–57 所示，否则在后续夹持编辑的过程中，填充图案不会随之变化。

图 4–57 "边界图案填充"对话框

图 4–58 显示边界特征点

（3）钳夹功能设置。打开菜单命令："工具"→"选项"→"选择集"，系统打开"选项"对话框，在"夹点"选项组打开"显示夹点"复选框，并进行其他设置。确认退出。

（4）钳夹编辑。用光标分别点取图 4–58 所示图形左边界的两线段，这两线段上会显示出相应特征点方框，再用光标点取图中最左边的特征点，该点以醒目方式显示，如图 4–58 所示，拖动鼠标，使光标移到图 4–59 中的相应位置，按［Esc］键确认，得到图 4–60 所示的图形。

图 4–59 移动夹点到新位置

图 4–60 编辑后的图形

用光标点取圆，圆上会出现相应的特征点，再用光标选取圆心部位的点，该特征点以醒目方式显示，如图 4–61 所示。拖动光标，使光标移动到到某一位置，如图 4–62 所示，然后按［Esc］键确认，则得到图 4–56 的结果。

图 4–61 显示圆上特征点

图 4–62 夹点移动到新位置

4.4.3 特性选项板

1. 功能

AutoCAD 中，打开特性工具板，如图 4-63 所示。利用它可以方便地设置或修改对象的各种属性。

不同的对象属性种类和值不同，修改属性值，对象改变为新的属性。

2. 命令调用

（1）从菜单中执行"修改"→"特性"命令；

（2）单击"标准"工具条中的"特性"按钮；

（3）在命令行中输入 DDM（ddmodify）或 PR（properties），按［Space］键。

3. 操作示例

命令行输入：DDM，按［Space］键，打开的特性工具板如图 4-63 所示。

图 4-63 特性工具板

4.4.4 特性匹配

1. 功能

利用特性匹配功能可以将目标对象的属性与源对象的属性进行匹配，使目标对象变为与源对象相同。利用特性匹配功能可以方便快捷地修改对象属性，并保持不同对象的属性相同。

2. 命令调用

（1）从菜单中执行"修改"→"特性匹配"命令；

（2）单击"标准"工具条中的"特性匹配"按钮；

（3）在命令行中输入 MA（matchprop），按［Space］键。

3. 操作示例

如图 4-64 所示，以左边的矩形为源对象，对右边的圆形进行特性匹配，命令行提示如下：

命令：MATCHPROP

选择源对象：　　　　　　　　　　　　　　　　（选择左边的矩形为源对象）

当前活动设置：颜色 图层 线型 线型比例 线宽 透明度 厚度 打印样式 标注 文字 图案填充 多段线 视口 表格 材质 阴影显示 多重引线

选择目标对象或［设置(S)］：　　　　　　　　（选择右边的圆形为目标对象,按［Space］键确认）

结果如图 4-65 所示，圆形的线型发生了改变，与源对象矩形的线型相同。

图 4-64　特性匹配前

图 4-65　特性匹配后

4.5　课　堂　实　训

绘制如图 4-66 所示的圆柱齿轮。圆柱齿轮零件是机械产品中经常使用的一种典型零件，它的主视剖面图呈对称形状，侧视图则由一组同心圆构成。

与前面章节类似，绘制过程中会充分利用视图间的投影对应关系，即绘制相应的辅助线。操作步骤如下：

（1）建立新文件。

（2）调用菜单栏中"格式"→"图层"命令，打开"图层特性管理器"对话框，新建并设置每一个图层，如图 4-67 所示。

图 4-66　圆柱齿轮

当前图层: 标注及剖面						搜索图层	Q	
状态	名称	开	冻结	锁定	颜色	线型	线宽	透明度
	0				■ 白	Continuous	—— 默认	0
	Defpoints				■ 白	Continuous	—— 默认	0
✓	标注及剖面				□ 绿	Continuous	—— 0.25...	0
	粗实线				■ 白	Continuous	■■ 0.50...	0
	双点划线				■ 洋	ACAD_ISO05W100	—— 0.25...	0
	细实线				□ 130	Continuous	—— 0.25...	0
	虚线				□ 50	ACAD_ISO02W100	—— 0.25...	0
	中心线即...				■ 10	CENTER	—— 0.25...	0

| 全部: 显示了 8 个图层，共 8 个图层

图 4-67　"图层特性管理器"对话框

（3）将"中心线"设定为当前图层。利用"直线命令"，绘制中心线，如图 4-68 所示。

（4）将"粗实线"设定为当前图层。利用"直线"命令，利用临时捕捉命令绘制两条直

线，如图 4-69 所示，命令行提示与操作如下：

命令：LINE

指定第一个点：@-41,0　　　　　　　　　　　　（利用对象捕捉选择左侧中心线的交点）

指定下一点或[放弃(U)]：@0,120

指定下一点或[放弃(U)]：@41,0

指定下一点或[闭合(C)/放弃(U)]：

图 4-68　绘制中心线　　　　　　　　　　　图 4-69　绘制的边界线

（5）利用"偏移"命令，将竖直粗实线向右偏移 33 mm，将水平粗实线向下依次偏移 8 mm、20 mm、30 mm、60 mm、70 mm 和 91 mm。将中心线依次向上偏移 75 mm 和 116 mm。结果如图 4-70 所示。

（6）利用"倒角"命令，选择"角度、距离"模式，对左上角处的齿轮倒直角 4×45°；利用"圆角"命令，对中间凹槽倒圆角，半径 5 mm；再进行修剪，绘制倒圆角轮廓线，结果如图 4-71 所示。

图 4-70　绘制偏移线　　　　　　　　　　图 4-71　绘制倒角及圆角

（7）利用"偏移"命令，将中心线向上偏移 8 mm，并更改至粗实线图层；然后利用"修剪"命令，对偏移的直线进行修剪，完成键槽的绘制，结果如图 4-72 所示。

（8）利用"镜像"命令，分别以两条中心线为镜像轴，结果如图 4-73 所示。

（9）将"剖面线"设定为当前图层。利用"图案填充"命令，弹出"图案填充和渐变色"对话框。单击"图案"选项右侧按钮，弹出"填充图案选项板"对话框，在"ANSI"选项卡中选择"ANSI31"图案作为填充图案。利用提取图形对象特征点的方式选择填充区域，最后单击"确定"按钮，完成圆柱齿轮主视图的绘制，如图 4-74 所示。

图 4-72　绘制键槽　　　　图 4-73　镜像成型　　　　图 4-74　圆柱齿轮主视图

（10）将"粗实线"设定为当前图层。利用"直线"命令，绘制辅助定位线。利用"对象捕捉"在主视图中确定直线的起点，打开"正交"模式保证引出线水平，终点位置过侧视图竖直中心线即可，结果如图 4-75 所示。

（11）利用"圆"命令，以右侧中心线交点为圆心，半径依次捕捉辅助定位线与中心线的交点，绘制 10 个圆。

（12）利用"删除"命令，删除辅助直线。

（13）利用"圆"命令，绘制减重孔，结果如图 4-76 所示。

图 4-75　绘制辅助定位线

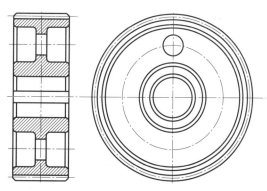

图 4-76　绘制同心圆和减重圆孔

（14）调用"阵列"命令：在命令行输入"ARRAYCLASSIC"，弹出"阵列"的对话框，如图 4-77 所示，选择"环形阵列"选项，以大圆圆心为阵列中心点，选取图 4-76 中所绘制的减重圆孔和竖直中心线为阵列对象，输入项目数为 6，填充角度为 360°，阵列后的减重圆孔如图 4-78 所示。

（15）利用"偏移"命令，偏移同心圆的竖直中心线，偏移量为 33.3 mm；水平中心线上下各偏移 8 mm。并更改其图层属性为"粗实线"，如图 4-79 所示。

（16）利用"修剪"命令，对键槽进行修剪编辑，得到圆柱齿轮侧视图，结果如图4-80所示。

图4-77　"阵列"对话框　　　　　　　　图4-78　环形阵列

图4-79　绘制键槽边界线　　　　　　　图4-80　圆柱齿轮侧视图

4.6　课后练习

练习1

绘制如图4-81所示的图形。

操作提示：

（1）利用"图层"命令设置两个图层。

（2）利用"直线"和"圆"命令绘制中心线和同心圆。

（3）利用"圆"和"圆角"命令绘制最下方局部特征。

（4）利用"ARRAYCLASSIC"命令，进行环形阵列，注意填充角度为180°，项目总数为4。

（5）选择最上方局部特征，利用"旋转"命令，输入角度75°，选择"复制（C）"选项。

练习2

绘制如图4-82所示图形。

图 4-81 环形阵列图形

图 4-82 平面图形

操作提示:

(1)利用"图层"命令设置两个图层。

(2)利用"直线"和"圆"命令绘制中心线和中间圆形。

(3)利用"偏移"命令将水平中心线分别向上下各偏移 32 mm,同时将竖直中心线向左右各偏移 32 mm;利用"修剪"命令将偏移后的直线进行修剪,创建出最外侧的正方形,并移至"粗实线"图层。

(4)利用"直线"命令绘制斜 45° 中心线,并利用"偏移"和"修剪"命令绘制宽度为 9 mm 的键槽。

(5)利用"圆""直线"命令并配合"对象捕捉"模式,绘制上方圆弧键槽。

(6)利用"偏移"命令,将上步所绘键槽各边向外偏移 1 mm。

(7)以水平中心线为镜像轴,将步骤(5)所绘键槽镜像,并配合"拉伸"命令,向左拉伸 10 mm。

练习 3

绘制如图 4-83 所示的挂轮架。

操作提示:

(1)利用"图层"命令设置图层。

(2)利用"直线""圆""偏移"以及"修剪"命令绘制中心线。

(3)利用"直线""圆"以及"偏移"命令绘制挂轮架的中间部分。

(4)利用"圆弧""圆角"以及"剪切"命令继续绘制挂轮架中部图形。

(5)利用"圆弧""圆"命令绘制挂轮架右部。

(6)利用"修剪""圆角"命令修剪与倒圆角

(7)利用"偏移"和"圆"命令绘制 R30 圆弧。在这里为了找到 R30 圆弧的圆心,需要以 23 为距

图 4-83 挂轮架

图 4-84 确定圆心

离向右偏移竖直对称中心线，并捕捉图 4-84 上边第二条水平中心线与竖直中心线的交点为圆心，绘制 R26 辅助圆，以所偏移中心线与辅助圆交点为 R30 圆弧圆心。

之所以偏移距离为 23，因为半径为 30 的圆弧的圆心在中心线左右各 $30-\phi14/2$ 处的平行线上。而绘制辅助圆的目的是找到 R30 圆弧的具体圆心位置点，因为 R30 圆弧与 R4 圆弧内切，根据相切的几何关系，R30 圆弧的圆心应在以 R4 圆弧圆心为圆心、$30-4$ 为半径的圆上，该辅助圆与上面偏移复制平行线的交点即为 R30 圆弧的圆心。

（8）利用"删除""修剪""镜像"和"圆角"等命令绘制把手图形部分。

（9）利用"打断""拉长"和"删除"命令对图形中的中心线进行整理。

练习 4

请同学自己动手练习绘制如图 4-85～图 4-92 所示图形：

图 4-85 平面图形（一）

图 4-86 平面图形（二）

图 4-87 平面图形（三）

图 4-88 平面图形（四）

图 4-89 平面图形（五）

图 4-90 泵盖

图 4-91 调节盘

图 4-92　轴承座

第5章　文字与表格

文字注释是绘制图形过程中很重要的内容，进行各种设计时，不仅要绘制出图形，还要在图形中标注一些注释性的文字，如技术要求、注释说明等，对图形对象加以解释。AutoCAD提供了多种在图形中输入文字的方法，本章会详细介绍文本的注释和编辑功能。表格在AutoCAD图形中也有大量的应用，如明细表、参数表和标题栏等，本章主要介绍文字与表格的使用方法。

5.1　文 本 标 注

在绘制图形的过程中，文字传递了很多设计信息，它可能是一个很复杂的说明，也可是一个简短的文字信息。当需要文字标注的文本不太长时，可以利用 TE（text）命令创建单行文本；当需要标注很长、很复杂的文字信息时，可以利用 MT（mtext）命令创建多行文本。

5.1.1　文本样式

所有 AutoCAD 图形中的义字都有与其相对应的文本样式。当输入文字对象时，AutoCAD使用当前设置的文本样式。文本样式是用来控制文字基本形状的一组设置。AutoCAD 提供了"文字样式"对话框，通过这个对话框可以方便直观地设置需要的文本样式，或对已有样式进行修改。

1. 命令调用

通过以下方法可以打开"文字样式"对话框，如图 5-1 所示：

（1）从菜单中执行"格式"→"文字样式"命令 **A**；

（2）单击"文字"工具栏中的"文字样式"按钮；

（3）在命令行中输入 ST（style），按［Space］键。

图 5-1　"文字样式"对话框

2. 选项说明

（1）"文字样式"对话框：列出所有已设定的文字样式名或对已有样式名进行相关操作。单击"新建"按钮，系统打开如图 5-2 所示的"新建文字样式"对话框。在该对话框中可以为新建的文字样式输入名称。右击"文字样式"对话框中要改名的文本样式，选择快捷菜单中的"重命名"命令，如图 5-3 所示，可以为所选文本样式输入新的名称。

图 5-2 "新建文字样式"对话框　　　　图 5-3　快捷菜单

（2）"字体"选项组：用于确定字体样式。文字的字体确定字符的形状，在 AutoCAD 中，除了它固有的 SHX 形状字体文件外，还可以使用 TrueType 字体（如宋体、楷体、italley 等）。一种字体可以设置不同的效果（如加粗、倾斜等），从而被多种文本样式使用。

（3）"大小"选项组：用于确定文本样式使用的字体风格及字高。"高度"文本框用来设置创建文字时的固定高，在用 TEXT 命令输入文字时，AutoCAD 不再提示输入字高参数。如果在此文本框中设置字高为 0，系统会在每一次创建文字时提示输入字高，所以，如果不想固定字高，就可以把"高度"文本框中的值设置为 0。

（4）"效果"选项组：AutoCAD 为每一种文字样式提供三种效果，分别是"颠倒""反向"和"垂直"。选中"颠倒"复选框，表示将文本文字倒置标注；选中"反向"复选框，表示将文字反向标注；选中"垂直"复选框，表示文字为垂直标注，否则为水平标注。

（5）"宽度因子"文本框：设置宽度系数，确定文本字符的宽高比。当比例系数为 1 时，表示将按字体定义的宽高比标注文字。当此系数小于 1 时，字会变窄，反之变宽。

（6）"倾斜角度"文本框：用于确定文字的倾斜角度。角度为 0 时不倾斜，为正数时向右倾斜，为负数时向左倾斜，输入范围为 $-85°\sim+85°$。

（7）"应用"按钮：确认对文字样式的设置。当创建新的文字样式或对现有文字样式的某些特征进行修改后，都需要单击此按钮，系统才会确认所做的改动。

5.1.2 单行文本标注

1. 命令调用

（1）从菜单中执行"绘图"→"文字"→"单行文字"命令；

（2）单击"文字"工具条中的"单行文字"按钮 **A**；

（3）在命令行中输入 TE（text），按［Space］键。

2. 操作步骤

命令行提示与操作如下：

命令：TEXT

当前文字样式："样式 1"文字高度:2.5000

指定文字的起点或[对正(J)/样式(S)]:

3. 选项说明

（1）指定文字的起点：在此提示下直接在绘图区选择一点作为输入文本的起始点，命令行提示如下：

指定高度<2.5000>:　　　　　　　　　　　　　　(确定文字高度)

指定文字的旋转角度<0>:　　　　　　　　　　　　(确定文本行的倾斜角度)

执行上述命令后，即可在指定位置输入文本文字，输入后按［Space］键，文本文字另起一行，可继续输入文字，待全部输入完后按两次［Space］键，退出 TEXT 命令。可见，TEXT 命令也可创建多行文本，只是这种多行文本每一行是一个对象，不能对多行文本同时进行操作。

【注意】

只有当前文本样式中设置的字符高度为 0 时，系统才出现要求用户确定字符高度的提示。AutoCAD 允许将文本行倾斜排列，图 5-4 所示为倾斜角度分别是 0°、-45° 和 45° 时的排列效果。在"指定文字的旋转角度<0>:"提示下，可以输入文本行的倾斜角度或在绘图区拉出一条直线来指定倾斜角度。

图 5-4　文本行倾斜排列的效果

（2）对正（J）：在"指定文字的起点或［对正（J）/样式（S）］:"提示下输入"J"，用来确定文本的对齐方式，对齐方式决定文本的哪部分与所选插入点对齐。执行此选项，命令行提示如下：

输入选项[左(L)/居中(C)/右(R)/对齐(A)/中间(M)/布满(F)/左上(TL)/中上(TC)/右上(TR)/左中(ML)/正中(MC)/右中(MR)/左下(BL)/中下(BC)/右下(BR)]:

在此提示下选择一个选项作为文本的对齐方式，例如选择"对齐（A）"选项，要求用户指定文本行基线的起始点与终止点的位置，命令行提示与操作如下：

指定文字基线的第一个端点：　　　　　　　　　　(指定文本行基线的起点位置)

指定文字基线的第二个端点：　　　　　　　　　　(指定文本行基线的终点位置)

输入文字：　　　　　　　　　　　　　　　　　　(输入文本文字)

输入文字：

执行结果：输入的文本文字均匀地分布在指定的两点之间，如果两点间的连线不水平，则文本行倾斜放置，倾斜角度由两点间的连线与 X 轴夹角确定；字高、字宽根据两点间的距离、字符的多少以及文本样式中设置的宽度系数自动确定。指定了两点之后，每行输入的字符越多，字宽和字高越小。其他选项与"对齐"类似，此处不再赘述。

5.1.3　多行文本标注

创建多行文字是为了设置内容较长、格式较为复杂的文字标注而提供的。它具有一些单行文字所没有的功能。

1. 命令调用

（1）从菜单中执行"绘图"→"文字"→"多行文字"命令；

（2）单击"文字"工具条中的"多行文字"按钮**A**；

（3）在命令行中输入 MT（mtext），按［Space］键。

2. 操作步骤

命令行提示与操作如下：

命令：MTEXT

当前文字样式："Standard"　文字高度：3.5　注释性：否

指定第一角点：　　　　　　　　　　　　　　　　　　　　（指定矩形框的第一个角点）

指定对角点或［高度(H)/对正(J)/行距(L)/旋转(R)/样式(S)/宽度(W)/栏(C)］：

3. 选项说明

（1）指定对角点：在绘图区选择两个点作为矩形框的两个角点，AutoCAD 以这两个点为对角点构成一个矩形区域，其宽度作为将来要标注的多行文本的宽度，第一个点作为第一行文本顶线的起点。响应后 AutoCAD 打开如图 5-5 所示的"文字格式"对话框和多行文字编辑器，可利用此编辑器输入多行文本文字并对其格式进行设置，包括设置字高、文本样式以及倾斜角度等。该编辑器与 Microsoft Word 编辑器界面相似，事实上该编辑器与 Word 编辑器在某些功能上趋于一致，这样既增强了多行文字的编辑功能，又能使用户更熟悉和方便地使用。

图 5-5 "文字格式"对话框和多行文字编辑器

例如，"堆叠"按钮 **ᵇₐ**：为层叠或非层叠文本按钮，用于层叠所选的文本文字，也就是创建分数形式。当文本中某处出现"/""^"或"#"3 种层叠符号之一时，可层叠文本，其方法是选中需层叠的文字，然后单击此按钮，则符号左边的文字作为分子，右边的文字作为分母进行层叠。

AutoCAD 提供了 3 种分数形式：

$$\frac{abcd}{efgh} \qquad \begin{matrix}+0.05\\-0.02\end{matrix} \qquad H7\!\!\diagup\!\!_{C6}$$

(a)　　　　　(b)　　　　　(c)

图 5-6 文本堆叠

如果选中"abcd/efgh"后单击此按钮，得到如图 5-6（a）所示的分数形式；如果选中"+0.05^-0.02"后单击此按钮，则得到如图 5-6（b）所示的形式，此形式多用于标注极限偏差；如果选中"H7#c6"后单击此按钮，则创建斜排的分数形式，如图 5-6（c）所示。如果选中已经层叠的文本对象后单击此按钮，则恢复到非层叠形式。

（2）对正（J）：用来确定所标注文本的对齐方式，选择此选项，命令行提示如下：

输入对正方式[左上(TL)/中上(TC)/右上(TR)/左中(ML)/正中(MC)/右中(MR)/左下(BL)/中下(BC)/右下

(BR)]<左上(TL)>：

这些对齐方式与 TEXT 命令中的对齐方式相同，选择一种对齐方式后按［Space］键，系统回到上一级提示。

（3）行距（L）：用于确定多行文本的行间距。这里所说的行间距是指相邻两文本行基线之间的垂直距离。选择此选项，命令行提示如下。

输入行距类型［至少(A)/精确(E)］<至少(A)>：

在此提示下有"至少"和"精确"两种方式确定行间距。在"至少"方式下，系统根据每行文本中最大的字符自动调整行间距；在"精确"方式下，系统为多行文本赋予一个固定的行间距，可以直接输入一个确切的间距值，也可以输入"n×"的形式，其中 n 是一个具体数，表示行间距设置为单行文本高度的 n 倍，而单行文本高度是本行文本字符高度的 1.66 倍。

（4）旋转（R）：用于确定文本行的倾斜角度。

（5）样式（S）：用于确定当前的文字样式。

（6）宽度（W）：用于指定多行文本的宽度。可在绘图区选择一点，与前面确定的第一个角点组成一个矩形框的宽作为多行文本的宽度；也可以输入一个数值，精确设置多行文本的宽度。

（7）栏（C）：根据栏宽，栏间距宽度和栏高组成矩形框。

多行文字是由任意数目的文字行或段落组成的，布满指定的宽度，还可以沿垂直方向无限延伸。多行文字中，无论行数是多少，单个编辑任务中创建的每个段落集将构成单个对象。用户可对其进行移动、旋转、删除、复制、镜像或缩放操作。

5.1.4　输入特殊字符

特殊字符的输入方式有两种，在单行文字和多行文字中都可以使用控制符输入一些常用的特殊符号，如角度、直径等。控制符一般由两个百分号（%%）和一个字符构成。具体符号的控制符及含义如表 5-1 所示。

在输入多行文字时，要输入特殊字符，可以单击"文字编辑器"选项卡中的"符号"按钮@▼，会出现如图 5-7 所示的下拉列表。根据提示输入需要的特殊符号。如果单击"其他"选项，则会出现如图 5-8 所示的"字符映射表"对话框。在"字符映射表"对话框中选中所需的字符后单击"选择"按钮，该字符将出现在"复制字符"文本框中，单击"复制"按钮将其复制到剪贴板，关闭对话框，在多行文字的文本输入框中将其粘贴，即可将该字符插入到当前光标的位置。

表 5-1　常用特殊字符的控制符

控制符	含义	控制符	含义
%%C	表示直径符号	%%O	表示上画线符号
%%D	表示角度符号	%%P	表示正负公差符号
%%U	表示下划线	%%%	表示百分号

度数(D)	%%d
正/负(P)	%%p
直径(I)	%%c
几乎相等	\U+2248
角度	\U+2220
边界线	\U+E100
中心线	\U+2104
差值	\U+0394
电相角	\U+0278
流线	\U+E101
恒等于	\U+2261
初始长度	\U+E200
界碑线	\U+E102
不相等	\U+2260
欧姆	\U+2126
欧米加	\U+03A9
地界线	\U+214A
下标 2	\U+2082
平方	\U+00B2
立方	\U+00B3
不间断空格(S)	Ctrl+Shift+Space
其他(O)...	

图 5-7 "符号"下拉列表

图 5-8 "字符映射表"对话框

5.2 表　　格

在早期的 AutoCAD 版本中，要绘制表格必须采用绘制图线或结合偏移、复制等编辑命令来完成，这样的操作过程烦琐而复杂，不利于提高绘图效率。有了表格功能，创建表格就变得非常容易，用户可以直接插入设置好样式的表格，而不用绘制由单独图线组成的表格。

5.2.1 定义表格样式

和文字样式一样，所有 AutoCAD 图形中的表格都有与其相对应的表格样式。当插入表格对象时，系统使用当前设置的表格样式。表格样式是用来控制表格基本形状和间距的一组设置。模板文件 ACAD.DWT 和 ACADISO.DWT 中定义了名为 Standard 的默认表格样式。

1. 命令调用

（1）从菜单中执行"格式"→"表格样式"命令；

（2）单击"样式"工具栏中的"表格样式"按钮▦；

（3）在命令行中输入 TS（tablestysle），按［Space］键。

执行上述命令后，系统打开"表格样式"对话框，如图 5-9 所示。

2. 选项说明

1）"新建"按钮

单击该按钮，系统打开"创建新的表格样式"对话框，如图 5-10 所示。输入新的表格样式名后，单击"继续"按钮，系统打开"新建表格样式"对话框，如图 5-11 所示，从中可以定义新的表格样式。

图 5-9　"表格样式"对话框

图 5-10　"创建新的表格样式"对话框　　　图 5-11　"新建表格样式"对话框

在"新建表格样式"对话框包含 3 个功能区和一个预览区域。分别介绍如下：

（1）"起始表格"栏：该栏使用户可以在当前图形中指定一个表格用做样例来设置此表格样式的格式。

（2）"常规"栏：用于控制数据栏格与标题栏格的上下位置关系。

（3）"单元样式"栏：该栏可定义新的单元样式或修改现有单元样式，也可以创建任意数量的单元样式。

在单元样式下拉列表框中，列出了多个表格样式，以便用户自行选择合适的表格样式，如图 5-12 所示。若选择"创建新单元样式"，可在弹出的"创建新单元样式"对话框中输入新名称，以创建新样式。若选择"管理单元样式"，则弹出"管理单元样式"对话框，该对话框显示当前表格样式中的所有单元样式并使用户可以创建或删除单元样式，如图 5-13 所示。

"单元样式"栏还包含有 3 个小的标签："常规""文字"和"边框"，如图 5-14 所示。可以通过这三个标签对各单元样式进行设置。"常规"标签主要设置表格的背景颜色、对齐方式、表格的格式、类型以及页边距等。"文字"标签主要设置表格中的文字高度、样式、颜色和角度等特性。"边框"标签主要设置表格的线宽、线型、颜色以及间距等特性。

图 5-12 "单元样式"下拉列表框　　　　图 5-13 "管理单元样式"对话框

（a）　　　　　　　　　　（b）　　　　　　　　　　（c）

图 5-14 "单元样式"栏

（a）"常规"标签；（b）"文字"标签；（c）"边框"标签

2）"修改"按钮

用于对当前表格样式进行修改，方式与新建表格样式相同。

5.2.2 创建表格

在设置好表格样式后，用户可以利用 TABLE 命令创建表格。

1. 命令调用

（1）从菜单中执行"绘图"→"表格"命令；

（2）单击"绘图"工具栏中的"表格"按钮▦；

（3）在命令行中输入 TA（table），按［Space］键。

执行上述命令后，系统打开"插入表格"对话框，如图 5-15 所示。

2. 选项说明

（1）"表格样式"选项组：可以在"表格样式"下拉列表框中选择一种表格样式，也可以通过单击后面的███按钮来新建或修改表格样式。

（2）"插入选项"选项组：

①"从空表格开始"单选按钮，创建可以手动填充数据的空表格；

②"自数据链接"单选按钮：通过启动数据连接管理器来创建表格；

③"自图形中的对象数据"单选按钮：通过启动"数据提取"向导来创建表格。

图 5-15　"插入表格"对话框

（3）"插入方式"选项组：

①"指定插入点"单选按钮：指定表格左上角的位置。可以使用定点设备，也可以在命令行输入坐标值。如果表格样式将表格的方向设置为由下而上读取，则插入点位于表格的左下角。

②"指定窗口"单选按钮：指定表的大小和位置。可以使用定点设备，也可以在命令行中输入坐标值。选定此选项时，行数、列数、列宽和行高取决于窗口的大小以及列和行设置。

（4）"列和行设置"选项组：指定列和数据行的数目以及列宽与行高。

（5）"设置单元样式"选项组：指定"第一行单元样式""第二行单元样式"和"所有其他行单元样式"分别为标题、表头和数据样式。

在"插入表格"对话框中进行相应设置后，单击"确定"按钮，系统在指定的插入点或窗口自动插入一个空表格，并打开多行文字编辑器，用户可以逐行逐列输入相应的文字或数据，如图 5-16 所示。

图 5-16　多行文字编辑器

在"插入方式"选项组中选中"指定窗口"单选按钮后，列与行设置的两个参数中只能指定一个，另外一个由指定窗口的大小自动等分来确定。

在插入后的表格中选择某一个单元格，单击后出现钳夹点，通过移动钳夹点可以改变单元格的大小，如图 5-17 所示。

图 5-17 改变单元格大小

5.2.3 实例：绘制明细表

绘制如图 5-18 所示的明细表。

10	上轴衬	1	ZCuSn10Pb1	
9	轴承盖	1	HT200	
8	下轴衬	1	ZCuSn10Pb1	
7	六角螺母	4		
6	阀杆	1	40Cr	
5	压紧套	1	35	
4	阀芯	1	40Cr	
3	阀盖	1	ZG25	
2	密封圈	2	填充聚四氟乙烯	
1	阀体	1	ZG25	
序号	名　称	数量	材　料	备　注

图 5-18 明细表

绘制步骤如下：

（1）定义表格样式。选择菜单栏中的"格式"→"表格样式"命令，弹出"表格样式"对话框，如图 5-9 所示。

（2）单击"新建"按钮，系统弹出"创建新的表格样式"对话框，将命名改为明细栏，单击"继续"按钮，在弹出的"新建表格样式"对话框中将"单元样式"下拉菜单中的三种样式（标题、表头、数据）均进行如图 5-19 所示的设置。

（a）

（b）

（c）

图 5-19 明细表"单元样式"设置

（3）设置好文字样式后，单击"确定"按钮退出。

（4）创建表格。选择菜单栏中的"绘图"→"表格"命令，弹出"插入表格"对话框，如图 5-20 所示。设置插入方式为"指定插入点"，行和列设置为 9 行 5 列，列宽为 10，行高为 1，将单元样式全部设置为"数据"。

确定后，在绘图平面指定插入点，则插入如图 5-21 所示的空表格，并显示多行文字编辑器，不输入文字，直接在多行文字编辑器中单击"确定"按钮退出。

图 5-20　"插入表格"对话框

图 5-21　多行文字编辑器

（5）双击该表格上的任意网格线，然后通过使用"特性"选项板来修改该表格的尺寸，将第 1 列和第 3 列的列宽设置为 15，第 2 列列宽设置为 60，第 4、5 列列宽设置为 45。结果如图 5-22 所示。

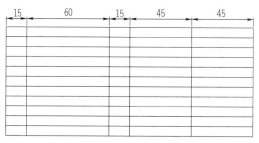

图 5-22　改变列宽

（6）双击要输入文字的单元格，重新打开多行文字编辑器，在各单元中输入相应的文字或数据，最终结果如图 5-18 所示。

5.3 课 堂 实 训

绘制如图 5-24 所示的齿轮参数表。

操作步骤如下：

（1）创建表格。执行"表格"命令，系统打开"插入表格"对话框，设置插入方式为"指定插入点"，行和列设置为 7 行 3 列，列宽为 15，行高为 1。

确定后，在绘图平面指定插入点，则插入空表格，并显示多行文字编辑器，不输入文字，直接在多行文字编辑器中单击"确定"按钮退出。

（2）右键单击第 1 列某一个单元格，选择"特性"，在打开的特性面板中，将列宽变成 40；再将第 3 列列宽变为 30，结果如图 5-23 所示。

（3）双击单元格，重新打开多行文字编辑器，在各单元格中输入相应的文字或数据，最终结果如图 5-24 所示。

图 5-23　改变列宽

作用齿槽宽最大值	Evmax	4.7900
齿　数	Z	24
模　数	m	3
压力角	α	20°
公差等级及配合类型	6H-GE	T3478.1-1995
作用齿槽宽最小值	Evmin	4.712
实际齿槽宽最大值	Emax	4.8370
实际齿槽宽最小值	Emax	4.7590
作用齿槽宽最大值	Evmax	4.7900

图 5-24　齿轮参数表

5.4 课 后 练 习

创建如图 5-25 所示的文本。

技术要求　　　　　$\dfrac{A-A}{2:1}$　　　　$\phi 18^{+0.06}_{-0.02}$　　　　机械工程学院

1. 未注倒角C1.

2. 表面淬火，发黑。　　$\phi 25\ \dfrac{H7}{p6}$　　　61.8 ± 0.5

　　（a）　　　　　　（b）　　　　（c）　　　　　　　（d）

图 5-25　创建文本

操作提示如下：

（1）设置文字标注的样式。

（2）利用"多行文字"命令进行标注。

（3）利用右键菜单，输入特殊字符。例如，输入尺寸公差时要输入"H7#p6"，选中后，单击"文字格式"对话框上的"堆叠"按钮。

（4）利用"单行文字"，设置倾斜角度进行标注。

第6章 尺寸标注

尺寸标注是绘图设计过程当中相当重要的一个环节。因为图形的主要作用是表达物体的形状，而物体各部分的真实大小和各部分之间的确切位置只能通过尺寸标注来表达。因此，没有正确的尺寸标注，绘制出的图纸对于加工制造就没有意义。

6.1 尺寸样式

6.1.1 创建标注样式

组成尺寸标注的尺寸线、尺寸界线、尺寸文本和尺寸箭头可以采用多种形式，尺寸标注以什么形态出现，取决于当前所采用的尺寸标注样式。标注样式决定尺寸标注的形式，包括尺寸线、尺寸界线、尺寸箭头和中心标记的形式、尺寸文本的位置、特性等。在 AutoCAD 软件中用户可以利用"标注样式管理器"对话框方便地设置自己需要的尺寸标注样式。

在进行尺寸标注前，先要创建尺寸标注的样式。如果用户不创建尺寸样式而直接进行标注，系统使用默认名称为 Standard 的样式。如果用户认为使用标注样式的某些设置不合适，也可以修改标注样式。

1. 命令调用

（1）从菜单中执行"格式"→"标注样式"命令；

（2）单击"标注"工具栏中的"标注样式"按钮；

（3）在命令行中输入 D（dimstyle），按［Space］键。

2. 操作步骤

执行上述命令，系统打开"标注样式管理器"对话框，如图 6-1 所示。利用此对话框可方便直观地定制和浏览尺寸标注样式，包括产生新的标注样式、修改已存在的样式、设置当前尺寸标注样式、样式重命名以及删除一个已有样式等。

图 6-1 "标注样式管理器"对话框

3．选项说明

1）"置为当前"按钮

单击此按钮，把在"样式"列表框中选中的样式设置为当前样式。

2）"新建"按钮

定义一个新的尺寸标注样式。单击此按钮，AutoCAD 打开"创建新标注样式"对话框，如图 6-2 所示，利用此对话框可创建一个新的尺寸标注样式。单击"继续"按钮，系统打开"新建标注样式"对话框，如图 6-3 所示，利用此对话框可对新样式的各项特性进行设置。

图 6-3 "新建标注样式"对话框

图 6-2 "创建新标注样式"对话框

3）"修改"按钮

修改一个已存在的尺寸标注样式。单击此按钮，AutoCAD 弹出"修改标注样式"对话框，该对话框中的各选项与"新建标注样式"对话框中完全相同，可以对已有标注样式进行修改。

4）"替代"按钮

设置临时覆盖尺寸标注样式。单击此按钮，AutoCAD 打开"替代当前样式"对话框，该对话框中各选项与"新建标注样式"对话框完全相同，用户可改变选项的设置覆盖原来的设置，但这种修改只对指定的尺寸标注起作用，而不影响当前尺寸标注的设置。

5）"比较"按钮

比较两个尺寸标注样式在参数上的区别或浏览一个尺寸标注样式的参数设置。单击

图 6-4 "比较标注样式"对话框

此按钮，AutoCAD 打开"比较标注样式"对话框，如图 6-4 所示。可以把比较结果复制到剪切板上，然后再粘贴到其他的 Windows 应用软件上。

6.1.2 样式定制

在图 6-3 所示的"新建标准样式"对话框中有 7 个选项卡，分别说明如下。

1．线

该选项卡对尺寸线、尺寸界线的形式和特性等参数进行设置。包括尺寸线的颜色、线宽、超出标

记、基线间距、隐藏等参数，尺寸界线的颜色、线宽、超出尺寸线、起点偏移量、隐藏等参数。

2. 符号和箭头

该选项卡主要对箭头、圆心标记、弧长符号和半径折弯标注的形式和特性进行设置。包括箭头的大小、引线、形状等参数以及圆心标记的类型和大小等参数。

3. 文字

该选项卡对文字的外观、位置、对齐方式等各个参数进行设置，如图 6-5 所示。包括文字外观的文字样式、颜色、填充颜色、文字高度、分数高度比例和是否绘制文字边框等参数，文字位置的垂直、水平和从尺寸线偏移量等参数。对齐方式有水平、与尺寸线对齐、ISO 标准 3 种方式。

图 6-5 "新建标注样式"对话框中的"文字"选项卡

4. 调整

该选项卡对调整选项、文字位置、标注特征比例、优化等各个参数进行设置，如图 6-6 所示。图 6-7 所示为文字不在默认位置时的放置位置的 3 种不同情形。

图 6-6 "新建标注样式"对话框中的"调整"选项卡

图 6-7 尺寸文本的位置

5. 主单位

该选项卡用于设置尺寸标注的主单位和精度，以及给尺寸文本添加固定的前缀或后缀。本选项卡含有两个选项组，分别对线性标注和角度标注进行设置，如图 6-8 所示。

图 6-8 "新建标注样式"对话框中的"主单位"选项卡

6. 换算单位

该选项卡用于对换算单位进行设置，如图 6-9 所示。

图 6-9 "新建标注样式"对话框中的"换算单位"选项卡

7. 公差

该选项卡用于对尺寸公差进行设置，如图 6-10 所示。其中"方式"下拉列表框列出了 AutoCAD 提供的 5 种标注公差的形式，用户可从中选择。这 5 种形式分别是"无""对称"

"极限偏差""极限尺寸"和"基本尺寸",其中"无"表示不标注公差,其余 4 种标注情况如图 6-11 所示。可在"精度""上偏差""下偏差""高度比例"和"垂直位置"等文本框中输入或选择相应的参数值。

图 6-10 "新建标注样式"对话框中的"公差"选项卡

图 6-11 公差标注的形式

【注意】

系统自动在上偏差数值前加一个"+"号,在下偏差数值前加一个"−"号。如果上偏差是负值或下偏差是正值,都需要在输入的偏差值前加负号。如下偏差是+0.005,则需要在"下偏差"微调框中输入 −0.005。

6.1.3 实例:新建标准标注样式

新建一个尺寸标注样式,参数要求如下:基线间距为 7;尺寸界线超出尺寸线为 2;起点偏移量为 0;箭头大小为 3;数字样式为 gbeitc.shx,字高为 3.5,宽度比例因子为 0.8,倾斜角度为 0,文字位置从尺寸线偏移 1。其余参数应符合《机械制图》国家标准要求。

操作步骤如下:

(1)单击"标注"工具栏中的"标注样式"按钮，系统打开"标注样式管理器"对话框,如图 6-1 所示。

(2)单击"新建"按钮,AutoCAD 打开"创建新标注样式"对话框,如图 6-12 所示,输入"标准标注"作为新的尺寸标注样式的名称。单击"继续"按钮,系统打开"新建标注

图 6-12 "创建新标注样式"对话框

样式"对话框，如图 6-13 所示。

（3）单击"线"选项卡。将"尺寸线"区域中的"基线间距"改为 7；将"尺寸界限"区域中的"超出尺寸线"改为 2；"起点偏移量"改为 0。如图 6-13 所示。

（4）单击"符号和箭头"选项卡。将"箭头"区域中的"箭头大小"改为 3；在"圆心标记"区域中，选择"无"。如图 6-14 所示。

（5）单击"文字"选项卡。单击"文字外观"区域中"文字样式"选项卡最右侧按钮 ⋯ ，弹出"文字样式"对话框，新建一名为"标准标注"的文字样式。在"字体"区域中，将"SHX 字体"的样式设为 gbeitc.shx；在"大小"区域中，将"高度"值设为 3.5；在"效果"区域中，将"宽度因子"设为 0.8，"倾斜角度"设为 0，如图 6-15 所示。单击"应用"按钮，并选择"标准标注"作为当前的文字样式。

将"文字位置"区域中的"从尺寸线偏移"设置为 1，选择"文字对齐"区域中的"与尺寸线对齐"选项，如图 6-16 所示。

图 6-13 "线"选项卡的设置

图 6-14 "符号和箭头"选项卡的设置

图 6-15 "标准标注"文字样式的设置

图 6-16 "文字"选项卡的设置

（6）单击"调整"选项卡。将"调整"选项卡做如图 6-17 所示的设置。

（7）单击"主单位"选项卡。将"线性标注"区域中"精度"改为 0.00；将"小数分隔符"选择为"句号"。如图 6-18 所示。

图 6-17 "调整"选项卡的设置

图 6-18 "主单位"选项卡的设置

（8）单击"公差"选项卡。将"公差格式"区域中"垂直位置"选择为"中"，如图 6-19 所示。

图 6-19 "公差"选项卡的设置

（9）"半径"标注样式。

对于引出轮廓线的半径标注，可以建立半径标注文本，如图 6-20 所示。应用标注样式命令，弹出"标注样式管理器"对话框，如图 6-21 所示。

以标准标注为基础样式，单击"新建"按钮，弹出"创建新标注样式"对话框，将"新样式名"改为"半径"，选择用于"半径标注"，如图 6-22 所示。

图 6-20 水平标注样例

图 6-21 "标注样式管理器"对话框

单击"继续"按钮，弹出"新建标注样式：半径"对话框，选择"文字"选项卡，在"文字对齐"区域选择"ISO 标准"单选按钮，如图 6-23 所示，单击"确定"按钮，返回"标注样式管理器"对话框，单击"关闭"按钮结束设置。

设置完成后，在"标准标注"样式进行尺寸标注时，半径标注会自动调整为图 6-20 所示样式。

图 6-22 "创建半径标注样式"对话框

图 6-23 新建半径标注样式

（10）"角度"标注样式。

制图国家标准规定的角度标注，尺寸界限沿径向画出，尺寸线应画成圆弧，尺寸数字一律水平书写在尺寸线的中断处，如图 6-24 所示，可以建立角度标注文本。应用标注样式 ╝ 命令，弹出"标注样式管理器"对话框，如图 6-21 所示。

以标准标注为基础样式，单击"新建"按钮，弹出"创建新标注样式"对话框，将"新样式名"改为"角度"，选择用于"角度标注"，如图 6-25 所示。

单击"继续"按钮，弹出"新建标注样式：角度"对话框，选择"文字"选项卡，在"文字对齐"区域单击"水平"单选按钮，如图 6-26 所示，单击"确定"按钮，返回"标注样式管理器"对话框，单击"关闭"按钮结束设置。

图 6-24 角度标注样例

图 6-25 "创建角度标注样式"对话框

图 6-26 新建角度标注样式

（11）"直径"标注样式。

设置方式同步骤（9）。

6.2 标 注 尺 寸

正确地进行尺寸标注是设计绘图工作中非常重要的一个环节，AutoCAD 提供了方便快捷的尺寸标注方法，可通过执行命令实现，也可利用菜单或工具按钮实现。本节重点介绍如何对各种类型的尺寸进行标注。

6.2.1 线性标注

1. 命令调用

（1）从菜单中执行"标注"→"线性"命令；

（2）单击"标注"工具条中的"线性"按钮 ；

（3）在命令行中输入 DIMLIN（dimlinear），按［Space］键。

2. 操作步骤

命令行提示与操作如下：

命令：

DIMLINEAR   (执行线性标注命令)

指定第一个尺寸界线原点或<选择对象>：   (光标变为拾取框,选择对象)

指定第二条尺寸界线原点：   (光标变为拾取框,选择对象)

创建了无关联的标注。

指定尺寸线位置或

[多行文字(M)/文字(T)/角度(A)/水平(H)/垂直(V)/旋转(R)]：

3. 选项说明

（1）指定尺寸线位置：确定尺寸线的位置。用户可移动鼠标选择合适的尺寸线位置，然后按［Space］键确认或单击鼠标左键，AutoCAD 则自动测量所标注线段的长度并标注出相应的尺寸。

（2）多行文字（M）：用多行文本编辑器确定尺寸文本。

（3）文字（T）：在命令行提示下输入或编辑尺寸文本。选择此选项后，AutoCAD 提示：

输入标注文字<默认值>：

其中的默认值是 AutoCAD 自动测量得到的被标注线段的长度，直接按［Space］键确认即可采用此长度值，也可输入其他数值代替默认值。当尺寸文本中包含默认值时，可使用尖括号 "<>" 表示默认值。

（4）角度（A）：确定尺寸文本的倾斜角度。

（5）水平（H）：水平标注尺寸，不论标注什么方向的线段，尺寸线均水平放置。

（6）垂直（V）：垂直标注尺寸，不论被标注线段沿什么方向，尺寸线总保持垂直。

（7）旋转（R）：输入尺寸线旋转的角度值，旋转标注尺寸。

6.2.2　实例：标注螺栓尺寸

标注如图 6–27 所示的螺栓尺寸。

图 6–27　螺栓尺寸

步骤提示：

（1）根据 6.1.3，建立尺寸标注样式。

（2）利用"线性"命令标注主视图尺寸"11"。命令行提示与操作如下：

命令:DIMLINEAR

指定第一个尺寸界线原点或<选择对象>:<打开对象捕捉>

　　　　　　　　　(捕捉标注为"11"的边的一个端点,作为第一条尺寸界线的起点)

指定第二条尺寸界线原点:(捕捉标注为"11"的边的一个端点,作为第二条尺寸界线的起点)

指定尺寸线位置或[多行文字(M)/文字(T)/角度(A)/水平(H)/垂直(V)/旋转(R)]:

(指定尺寸线的位置,拖动鼠标,将出现动态的尺寸标注,在合适的位置按下鼠标左键,确定尺寸线的位置)

标注文字 = 11   (按[Space]键确认,采用尺寸的自动测量值"11")

（3）利用"线性"命令标注其他水平方向尺寸。方法与上面相同。

（4）利用"线性"命令标注竖直方向尺寸。方法与上面相同。

（5）利用"线性"命令标注"M10"尺寸。方法与上面大体一致，在系统提示"指定尺寸线位置或［多行文字（M）/文字（T）/角度（A）/水平（H）/垂直（V）/旋转（R）]:"时，输入"M"，按［Space］键，调用多行文字命令，在打开的"文字格式"对话框中，在自动测量尺寸"10"之前输入"M"表示螺纹，单击"确定"按钮，完成尺寸的标注。

6.2.3　对齐标注

1. 命令调用

（1）从菜单中执行"标注"→"对齐"命令；

（2）单击"标注"工具条中的"线性"按钮 ；

（3）在命令行中输入 DIMALI（dimaligned），按［Space］键。

2. 操作步骤

命令行提示与操作如下：

命令:DIMALIGNED

指定第一个尺寸界线原点或<选择对象>:

这种命令标注的尺寸线与所标注轮廓线平行，标注的是起始点到终点之间的距离尺寸。

6.2.4　直径和半径标注

1. 命令调用

从菜单中执行"标注"→"直径"（或"半径"）命令；

单击"标注"工具条中的"直径"按钮 （或"半径"按钮 ）；

在命令行中输入 DDI（dimdiameter）（或输入 DIMRADIUS），按［Space］键。

2. 操作步骤

命令行提示与操作如下：

命令:DIMDIAMETER

选择圆弧或圆: (选择要标注直径的圆或圆弧)

指定尺寸线位置或[多行文字(M)/文字(T)/角度(A)]:   (确定尺寸线的位置或选某一选项)

用户可以选择"多行文字（M）"项、"文字（T）"项或"角度（A）"项来输入、编辑尺寸文本或确定尺寸文本的倾斜角度，也可以直接确定尺寸线的位置标注出指定圆或圆弧的直径。

3. 选项说明

（1）多行文字（M）：用多行文本编辑器确定尺寸文本，要添加前缀或后缀，可在生成的测量值前后输入前缀或后缀。

（2）文字（T）：自定义标注文字，生成的标注测量值显示在尖括号"<>"中。

（3）角度（A）：确定尺寸文本的倾斜角度。

6.2.5　基线标注

基线标注用于产生一系列基于同一条尺寸界限的尺寸标注，适用于长度尺寸标注、角度标注和坐标标注等。在使用基线标注方式之前，应该先标注出一个相关的尺寸。

1. 命令调用

（1）从菜单中执行"标注"→"基线"命令；

（2）单击"标注"工具条中的"基线"按钮 ；

（3）在命令行中输入 DIMBASE（dimbaseline），按［Space］键。

2. 操作步骤

命令行提示与操作如下：

命令:DIMBASELINE

指定第二条尺寸界线原点或[放弃(U)/选择(S)]<选择>:

3. 选项说明

（1）指定第二条尺寸界线原点：直接确定另一个尺寸的第二条尺寸界限的起点，AutoCAD 以上次标注的尺寸为基准标注，标注出相应尺寸。

（2）<选择>：在上述提示下直接按［Space］键确认，AutoCAD 提示：

选择基准标注:(选取作为基准的尺寸标注)

6.2.6　连续标注

连续标注又叫尺寸链标注，用于产生一系列连续的尺寸标注，后一个尺寸标注均把前一个标注的第二条尺寸界线作为它的第一条尺寸界线。适用于长度尺寸标注和角度标注等。在使用连续标注方式之前，应该先标注出一个相关的尺寸。

1. 命令调用

（1）从菜单中执行"标注"→"连续"命令；

（2）单击"标注"工具条中的"连续"按钮 ；

（3）在命令行中输入 DIMCON（dimcontinue），按［Space］键。

2. 操作步骤

命令行提示与操作如下：

命令:DIMCONTINUE

选择连续标注:

指定第二条尺寸界线原点或[放弃(U)/选择(s)]<选择>:

在此提示下的各选项与基线标注中完全相同，不再叙述。

【注意】

AutoCAD 允许用户利用基线标注方式和连续标注方式进行角度标注。

6.2.7　角度型尺寸标注

1. 命令调用

（1）从菜单中执行"标注"→"角度"命令；

（2）单击"标注"工具条中的"角度"按钮 ；

（3）在命令行中输入 DIMANGULAR，按［Space］键。

2. 操作步骤

命令行提示与操作如下：

命令：DIMANGULAR

选择圆弧、圆、直线或<指定顶点>：

3. 选项说明

（1）选择圆弧（标注圆弧的中心角）：当用户选取一段圆弧后，AutoCAD 提示：

指定标注弧线位置或［多行文字(M)/文字(T)/角度(A)］：　　　　（确定尺寸线的位置或选取某一项）

在此提示下确定尺寸线的位置，AutoCAD 按自动测量得到的值标注出相应的角度。用户还可以选择"多行文字（M）"项、"文字（T）"项或"角度（A）"项通过多行文本编辑器或命令行来输入或定制尺寸文本以及指定尺寸文本的倾斜角度。

（2）选择圆（标注圆上某段弧的中心角）：当用户点取圆上的一点选择该圆后，AutoCAD 提示如下：

指定角的第二个端点：　　　　　　　　　　（选取另一点，该点可在圆上，也可不在圆上）

指定标注弧线位置或［多行文字(M)/文字(T)/角度(A)］：

在此提示下确定尺寸线的位置，AutoCAD 标出一个角度值，该角度以圆心为顶点，两条尺寸界线通过所选取的两点，第二点可以不必在圆周上。用户还可以选择"多行文字（M）"项、"文字（T）"项或"角度（A）"项编辑尺寸文本和指定尺寸文本倾斜角度，如图 6-28 所示。

（3）选择一条直线（标注两条直线间的夹角）：当用户选取一条直线后，AutoCAD 提示如下：

选择第二条直线：　　　　　　　　　　　　（选取另外一条直线）

指定标注弧线位置或［多行文字(M)/文字(T)/角度(A)］：

在此提示下确定尺寸线的位置，AutoCAD 标出这两条直线之间的夹角。该角以两条直线的交点为顶点，以两条直线为尺寸界线，所标注角度取决于尺寸线的位置，如图 6-29 所示。

（4）<指定顶点>：直接按［Space］键确认，AutoCAD 提示：

指定角的顶点：　　　　　　　　　　　　　　（指定顶点）

指定角的第一个端点：　　　　　　　　　　　（输入角的第一个端点）

指定角的第二个端点：　　　　　　　　　　　（输入角的第二个端点）

创建了无关联的标注。

指定标注弧线位置或［多行文字(M)/文字(T)/角度(A)］：　　　（输入一点作为角的顶点）

在此提示下给定尺寸线的位置，AutoCAD 根据给定的三点标注出角度，如图 6-30 所示。

图 6-28　标注角度

（a）　　　　　（b）

图 6-29　标注两直线夹角

图 6-30　标注三点确定的角度

6.2.8 实例：标注曲柄尺寸

标注如图 6-31 所示的曲柄尺寸。

图 6-31 标注曲柄尺寸

操作步骤如下：

（1）将 6.1.3 建立的"标准标注"标注样式设置为当前标注样式。

（2）利用"线性"命令标注曲柄中的线性尺寸。捕捉 $\phi32$ 圆的中心点作为第一条尺寸界线的起点，捕捉键槽右边界限与水平中心线的交点，作为第二条尺寸界线的起点，标注键槽深度 12.8，同样方法标注线性尺寸 6。

（3）标注曲柄中的对齐尺寸。利用 DIMALIGNED 命令，捕捉倾斜部分中心线的交点，作为第一条尺寸界线的起点，捕捉中间中心线交点，作为第二条尺寸界线的起点，对齐尺寸为 48。

（4）标注曲柄中的直径尺寸。利用 DIMDIAMETER 命令，标注右边 $\phi10$ 的小圆，命令行提示如下：

> 命令:DIMDIAMETER/ （直径标注命令,标注图中的直径尺寸"2×ϕ10"）
>
> 选择圆弧或圆: （选择右边 ϕ10 小圆）
>
> 标注文字=10
>
> 指定尺寸线位置或[多行文字(M)/文字(T)/角度(A)]:M/
>
> （按［Space］键后弹出"多行文字"编辑器,其"<>"表示测量值,即"ϕ10",在前面输入"2×",即"2×<>"）
>
> 指定尺寸线位置或[多行文字(M)/文字(T)/角度(A)]:（指定尺寸线位置）

同样方法标注直径尺寸 $\phi20$、$\phi32$ 和 $2×\phi20$。

（5）标注曲柄中的角度尺寸。利用 DIMANGULAR 命令，标注 150° 角，结果如图 6-31 所示。

6.2.9 引线标注

利用 QLEADER 命令可快速生成指引线及注释，而且可以通过命令行优化对话框进行用户自定义，由此可以消除不必要的命令行提示，取得最高的工作效率。

1. 命令调用

在命令行中输入 QL（qleader），按［Space］键。

2. 操作步骤

命令行提示与操作如下:

命令:QLEADER

指定第一个引线点或[设置(S)]<设置>:

3. 选项说明

（1）指定第一个引线点: 在上面的提示下确定一点作为指引线的第一点, AutoCAD 提示如下:

| 指定下一点: | （输入指引线的第二点） |
| 指定下一点: | （输入指引线的第三点） |

AutoCAD 提示用户输入的点的数目由"引线设置"对话框（图 6-32）确定。输入完指引线的点后 AutoCAD 提示:

| 指定文字宽度<0.0000>: | （输入多行文本的宽度） |
| 输入注释文字的第一行<多行文字（M）>: | |

此时, 有两种命令输入选择, 含义如下:

① 输入注释文字的第一行: 在命令行输入第一行文本。系统继续提示:

| 输入注释文字的下一行: | （输入另一行文本） |
| 输入注释文字的下一行: | （输入另一行文本或空格） |

② <多行文字（M）>: 打开多行文字编辑器, 输入编辑多行文字。直接按［Space］键确认, 结束 QLEADER 命令并把多行文本标注在指引线的末端附近。

（2）<设置>: 直接按［Space］键确认或键入 S, 打开图 6-32 所示"引线设置"对话框, 允许对引线标注进行设置。该对话框包含"注释""引线和箭头""附着"三选项卡, 下面分别进行介绍。

① "注释"选项卡（见图 6-32）: 用于设置引线标注中注释文本的类型、多行文本的格式并确定注释文本是否多次使用。

② "引线和箭头"选项卡（如图 6-33 所示）: 用来设置引线标注中指引线和箭头的形式。其中, "点数"选项组设置执行 QLEADER 命令时 AutoCAD 提示用户输入的点的数目。例如, 设置点数为 3, 执行 QLEADER 命令时当用户在提示下指定三个点后, AutoCAD 自动提示用户输入注释文本。注意设置的点数要比用户希望的指引线的段数多 1。如果选择"无限制"复选框, AutoCAD 会一直提示用户输入, 直到按［Enter］键两次为止。"角度约束"选项组用于设置第一段和第二段指引线的角度约束。

图 6-32 "引线设置"对话框"注释"选项卡

图 6-33 "引线和箭头"选项卡

（3）"附着"选项卡（如图 6-34 所示）：设置注释文本和指引线的相对位置。如果最后一段指引线指向右边，系统自动把注释文本放在右侧；反之放在左侧。利用本选项卡左侧和右侧的单选按钮分别设置位于左侧和右侧的注释文本与最后一段指引线的相对位置，二者可相同，也可不相同。

6.2.10 形位公差

为方便机械设计工作，AutoCAD 提供了标注形位公差的功能。形位公差的标注如图 6-35 所示，包括指引线、特征符号、公差值以及基准代号和其附加符号。

图 6-34 "引线设置"对话框"附着"选项卡

图 6-35 形位公差标注

1. 命令调用

（1）从菜单中执行"标注"→"公差"命令；

（2）单击"标注"工具条中的"公差"按钮；

（3）在命令行中输入 TOL（tolerance），按［Space］键。

2. 操作步骤

命令：TOLERANCE

在命令行输入 TOLERANCE 命令，或选择相应的菜单项或工具栏图标，AutoCAD 打开如图 6-36 所示的"形位公差"对话框，可通过此对话框对形位公差标注进行设置。

图 6-36 "形位公差"对话框

3. 选项说明

（1）符号：设定或改变公差代号。单击下面的黑方块，系统打开图 6-37 所示的"特征符号"对话框，可从中选取公差代号。

（2）公差 1（2）：产生第一（二）个公差的公差值及"附加符号"符号。白色文本框左侧的黑方块控制是否在公差值之前加一个直径符号，单击则出现直径符号，再次单击则直径符号消失。白色文本框用于确定公差值，在其中输入一个具体数值。右侧黑块用于插入"包容条件"符号，单击它，显示如图 6-38 所示的"附加符号"对话框，可从中选择修饰符号。这些符号可以作为基准参照的修饰符。

（3）基准 1（2、3）：确定第一（二、三）个基准代号及材料状态符号。在白色文本框中输入一个基准代号。

（4）"高度"文本框：确定标注形位公差的高度。

（5）延伸公差带：单击此黑块，在复合公差带后面加一个复合公差符号。

（6）"基准标识符"文本框：产生一个标识符号，用一个字母表示。

图 6-37 "特征符号"对话框

图 6-38 "附加符号"对话框

图 6-39 所示为几个利用 TOLERANCE 命令标注的形位公差。

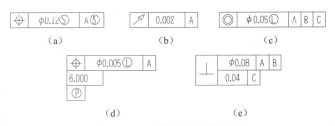

图 6-39 形位公差标注示例

【注意】

在"形位公差"对话框中有两行，可实现复合形位公差的标注。如果两行中输入的公差代号相同，则得到如图 6-39（e）的形式。

6.3 课堂实训

本实例的绘制思路：首先标注无公差尺寸和公差尺寸，然后标注形位公差，最后绘制表格并标注文字，结果如图 6-40 所示。

操作步骤如下：

（1）打开 4.5 节所绘圆柱齿轮视图。

（2）利用"线性"命令，标注基本尺寸，如图 6-41 所示。

（3）利用"线性"命令，标注非圆视图中的直径。线性标注时，选择"文字（T）"选项，采用特殊符号表示法，在命令行中输入"%%C"表示"ϕ"，如图 6-42 所示。

图 6-40 标注圆柱齿轮

图 6-41 线性标注

图 6-42 特殊符号标注

（4）标注公差尺寸：利用"线性"命令，在命令行中输入"M"，打开"文字格式"对话框，利用"堆叠"功能进行编辑，如图 6-43 所示。

（5）插入基准符号，如图 6-44 所示。

（6）标注形位公差。利用 QLEADER 命令标注形位公差，如图 6-44 所示。

（7）标注表面粗糙度。制作表面粗糙度图块（将在第 7 章详述），结合"多行文字"命令标注表面粗糙度，得到的效果如图 6-45 所示。

图 6-43 公差标注

图 6-44 形位公差标注

图 6-45 粗糙度标注

（8）利用"多行文字"命令，标注技术要求，如图 6-46 所示。

技术要求
1. 轮齿部位渗碳淬火，允许全部渗碳，渗碳层深度和硬度。
    a. 轮齿表面磨削后深度0.8~1.2，硬度HRC≥59；
    b. 非磨削渗碳表面（包括轮齿表面黑斑）深度≤1.4硬度
（必须渗碳表面）HRC≥60；
    c. 芯部硬度HRC35~45。
2. 在齿顶上检查齿面硬度。
3. 齿顶圆直径仅在热处理前检查。
4. 所有未注跳动公差的表面对基准A的跳动为0.2。
5. 当无标准齿轮时，允许检查下列三项代替检查径
向综合公差和一齿径向综合公差。
    a. 齿圈径向跳动公差Fr为0.056；
    b. 齿形公差Ff为0.016；
    c. 基节极限偏差±Fpb为0.018。
6. 未注倒角C2。

图 6-46　技术要求

（9）在标题栏中输入相应文本。圆柱齿轮设计最终效果如图 6-40 所示。

6.4　课 后 练 习

练习 1

标注如图 6-47 所示的挂轮架尺寸。

操作提示：

（1）设置文字样式和标注样式。

（2）标注线性尺寸。

（3）标注直径尺寸。

（4）标注半径尺寸。

（5）标注角度尺寸。

图 6-47　挂轮架

练习 2

标注如图 6-48 所示的泵盖尺寸。

操作提示：

（1）设置文字样式和标注样式。

（2）标注线性尺寸。

（3）标注直径尺寸。

（4）标注半径尺寸。

（5）标注角度尺寸。

（6）标注公差尺寸。

（7）标注粗糙度符号。

（8）标注形位公差。

（9）标注技术要求和标题栏。

图 6-48 泵盖尺寸标注

第 7 章　绘制机械工程图的基础知识

机械工程制图的目的就是对机器或者零部件进行完整的表达，为实际生产提供准确的依据。传统的机械设计图纸是用铅笔绘制的，而现在多采用 CAD 软件进行设计，电子文档可以方便图纸的存储以及修改等。本章主要介绍利用 AutoCAD 绘制机械工程图标准样板文件的具体步骤，同时还介绍图块的操作和图形的打印输出，用户在今后的实际绘图过程中可以直接调用此样板文件，从而省去绘图前的很多设置工作。

7.1　机械样板图的创建

7.1.1　设置单位格式及绘图范围

1. 设置绘图格式

启动 AutoCAD 后，根据 1.2 节内容，将软件调至"AutoCAD 经典"界面，如图 7-1 所示。

选择"菜单浏览器"按钮 ![A]→"图形实用工具"→"单位"命令，或在命令行输入"LIMITS"。此时，工作界面中会弹出如图 7-2 所示的"图形单位"对话框，用以设置单位格式及精度。在"长度"域中单击"精度"下三角按钮，出现下拉列表，在出现的精度选项中选择"0.0000"。同时，在"角度"区域中将角度"类型"改为"度/分/秒"，将角度"精度"设置为 0。最后单击"确定"，完成对图形单位的设置。

图 7-1　"AutoCAD 经典"绘图界面

图 7-2　"图形单位"对话框

2. 设置绘图范围

机械制图标准图纸中，图纸的幅面尺寸有 A0、A1、A2 和 A3 等，这里将采用最常用的 A3 图纸，即 420 mm×297 mm。在以后章节的图形绘制中都将调用标准的 A3 或者 A4 样板图来进行图形绘制。

在命令行输入"LIMITS"，即可对图形界限进行设置，此时命令行提示如下：

命令:LIMITS
指定左下角点或[开(ON)/关(OFF)]<0.0000,0.0000>:　　　　　(指定图形界限的起始点)
指定右上角点:420,297
指定左下角点或[开(ON)/关(OFF)]:on　　　　　　　　　　(打开)

此时完成了绘图范围的设置，并使所设置的绘图范围有效，用户将只能在所设定的范围内进行绘图。

7.1.2　设置样板图的图层

进行 AutoCAD 绘图时，一般先建立一系列的图层，用以将尺寸标注、轮廓线、虚线和中心线等区别开来，从而使绘制更加有条理。在新建的每个图层中均有不同的线型、线宽及颜色等设置，用以在绘图界面对不同的特性进行区分。

下面将利用 AutoCAD 的图层特性管理器，按表 7-1 所示要求，来对各图层进行设置。图层特性管理器的打开方式一般有以下两种。

（1）单击"图层特性管理器"按钮。

（2）直接在命令行输入 LAYER 命令。

表 7-1　图层设置

图线名称	颜色	线型	线宽/mm	用途
粗实线	黑/白	Continuous	0.5	粗实线
细实线	黑/白	Continuous	0.25	细实线
虚线	黄	HIDDENX2	0.25	细虚线
中心线	红	CENTER	0.25	中心线
尺寸线	绿	Continuous	0.25	尺寸、文字
剖面线	蓝	Continuous	0.25	剖面线

通过上述方法可打开如图 7-3 所示的"图层特性管理器"窗口，在其中可进行相应的图层设置。

图 7-3　"图层特性管理器"对话框

下面对图层的具体设置进行详细介绍。

（1）单击"图层特性管理器"窗口中的 （新建图层）按钮，此时系统自动新建"图层1"，颜色、线型等均采用默认设置。单击"图层1"，将新建的图层名称改为"粗实线"，如图7-4所示。

图7-4　新建"粗实线"层

（2）双击新建图层中的"颜色"选项，弹出如图7-5所示的"选择颜色"对话框。在该对话框中选择颜色为白色，单击"确定"按钮，即可完成"粗实线"层颜色的设置。

（3）双击新建图层中的"线宽"选项，弹出如图7-6所示的"线宽"对话框，选择线宽为0.50 mm，单击"确定"按钮，完成"粗实线"层线宽的设置。

图7-5　设置颜色

图7-6　设置线宽

（4）双击新建图层中的"线型"选项，弹出如图7-7所示的"选择线型"对话框。如果其中没有适合的线型，可单击"加载"按钮来寻找合适的线型。对于"粗实线"层线型的设置，接受系统默认的线型即可。

在设置"中心线"层时，需要的线型为点画线，所以要通过加载线型才能满足设置要求。一般单击"选择线型"对话框中的"加载"按钮，弹出如图7-8所示的对话框，选择线型为CENTER的选项，然后单击"确定"按钮。此时，CENTER线型即出现在"选择线型"对话框中，选择该线型，单击"确定"按钮，即可完成"中心线"层线型的设置。

图 7-7 "选择线型"对话框

图 7-8 "加载或重载线型"对话框

采用上述操作可以新建其他各图层，最后设置完成的效果如图 7-9 所示。

图 7-9 图层设置效果

7.1.3 设置文字样式

国家制图标准对不同幅面的图纸上的文字样式有不同的要求。A3 和 A4 图纸一般应采用 3.5 号长仿宋体字。在 AutoCAD 中，中文一般采用符合国家标准的字体"gbcbig.shx"，当含有英文的时候，还提供了符合制图标准的"gbenor.shx"及"gbeitc.shx"，其中前一种为正体，后一种为斜体。

下面将对文字样式的设置进行详细介绍，具体步骤如下。

（1）单击"文字样式"按钮，弹出"文字样式"对话框。

（2）单击"新建"按钮，弹出的"新建文字样式"对话框，如图 7-10 所示。输入"A3"后单击"确定"按钮。

（3）返回"文字样式"对话框，在"字体"选项组的"字体名"下拉列表框中选择"gbenor.shx"，勾选"使用大字体"单选按钮，然后选择"字体样式"下拉列表框中选择"gbcbig.shx"。在"高度"文本框中输入 3.5，其他选项接受系统默认值。设置情况如图 7-11 所示，单击"应用"按钮，即可完成文字样式的设置。

图 7-10 "新建文字样式"对话框

7.1.4 设置尺寸标注样式

绘制完成一张图之后，需要对图进行尺寸标注，并让所标注的箭头、文字与尺寸线的间距恰当，还需要遵循一定的规范。按照 6.1.3 节内容，建立 A3 尺寸标注如图 7-12 所示，可

图 7-11　A3 图纸文字样式设置

以看出，在"标注样式管理器"对话框的"样式"列表框中，"A3 尺寸标注"下，有半径、直径和角度三个子样式，同时在"预览"框中可以发现半径、直径和角度标注已符合国家标准。单击"关闭"按钮，完成对 A3 图纸尺寸标注样式的设定。

图 7-12　设置完成的 A3 尺寸标注样式

7.1.5　绘图图框和标题栏

1. 绘图图框

为了便于图纸的装订和保存，国家标准（GB/T 14689—2008）对图纸幅面作了统一的规定。绘图时应优先采用表 7-2 规定的基本幅面。在图纸上必须用粗实线画出图框，其格式分不留装订边（如图 7-13 所示）和留装订边（如图 7-14 所示）两种，尺寸如表 7-2 所示。

本节介绍如何绘制 A3 图纸的图框，图框由纸边界线以及图框线两部分组成。在绘制图框线之前一般要先将纸边界线绘制出来，具体步骤如下。

（1）选择"细实线"层作为绘制边界线的图层。

（2）调用"直线"命令，再打开状态栏中的"正交模式"功能。输入坐标"0，0"，以坐标原点作为直线的起始点，然后在水平方向上拖动鼠标，并在命令行输入 420，按［Space］键。将十字光标移向上方，由于此时采用的是正交模式，因此直接在命令行中输入 297，即可完成绘制竖直边界线。采用同样的方法绘制出其他两侧的边界线，绘制结果如图 7-15 所示。

（3）将当前图层设为"粗实线"层，根据图框设计标准，要求 A3 图纸边界线与图框线的边距满足 a 为 25 mm、c 为 5 mm 的原则。

图 7-13　不留装订边图框

图 7-14　留装订边图框

表 7-2　图纸幅面

mm

幅面代号	A0	A1	A2	A3	A4
幅面尺寸 B×L	841×1 189	594×841	420×594	297×420	210×297
e	20			10	
c	10			5	
a	25				

图 7-15　边界线的绘制

（4）调用"直线"命令，同时配合对象捕捉功能，选取边界线框的左下角为偏移基点，然后在命令行输入"@25，5"，按［Space］键。图框线的起始点被捕捉到，然后再采用与边界线相同的方法绘制图框线，具体命令提示如下：

```
命令:LINE                              (执行"直线"命令)
指定第一点:_from 基点:                  (在屏幕中选边界线左下角端点为基点)
指定第一点:_from 基点:<偏移>:@25,5      (在命令行输入相对基点的起始点位置)
指定下一个点或[放弃(u)]:390             (在命令行输入 X 正方向尺寸值)
指定下一个点或[关闭(c)/放弃(U)]:287      (在命令行输入 Y 正方向尺寸值)
指定下一个点或[关闭(C)/放弃(U)]:390      (在命令行输入 X 负方向尺寸值)
指定下一个点或[关闭(C)/放弃(U)]:c        (封闭图形)
```

所绘制的图框结果如图 7-16 所示，整个绘制过程均采用正交模式，并取消动态输入模式，以使绘制的图形界面简洁。

图 7-16　图框绘制结果

2. 绘制标题栏

标题栏的格式和尺寸由 GB/T 10609.1—2008 规定，如图 7-17 所示。在学习过程中，有时为了方便，对其进行了简化，可使用如图 7-18 所示的格式。

图 7-17　标准标题栏

在绘制标题栏的时候应先将图层设置为"粗实线"层，完成标题栏的设计之后再对局部线进行图层修改转换。

图 7-18 简化标题栏

绘制简化标题栏的具体步骤如下：

（1）调用"直线"命令，配合对象捕捉功能绘制标题栏的外框线。

（2）调用"偏移"命令，复制标题栏中的横向线段，具体命令提示如下。

命令：OFFSET	（执行偏移命令）
当前设置：删除源=否图层=源　OFFSETGAPTYPE=0	
指定偏移距离或[通过(T)/删除(E)/图层(L)]<16.0000>:8	（指定偏移距离）
选择要偏移的对象，或[退出(E)/放弃(U)]<退出>:	（选择标题栏上边线作为偏移对象）
指定要偏移的那一侧上的点，或[退出(E)/多个(M)/放弃(U)]<退出>:	（单击上边线下方）
选择要偏移的对象，或[退出(E)/放弃(U)]<退出>:	（选择刚偏移得到的线段）
指定要偏移的那一侧上的点，或[退出(E)/多个(M)/放弃(U)]<退出>:	（重复上述步骤3次）
选择要偏移的对象，或[退出(E)/放弃(U)]<退出>:	（退出，结束线段的绘制）

（3）调用"偏移"命令，选择标题栏左侧线段作为偏移对象，向右依次偏移 15、25、20、15、35 和 15，通过偏移得到的线段如图 7-19 所示。

（4）调用"修剪"命令，修剪多余的线，具体命令提示如下：

命令：TRIM	（执行"修剪"命令）
当前设置：投影= ucs,边=无	
选择剪切边…	
选择对象或<全部选择>	（选择需要修剪的线段）
选择对象：	（按住[Shift]键,选择修剪对象）
选择要修剪的对象，或按住Shift 键选择要延伸的对象，或[栏选(F)/窗交(C)投影(P)/边(E)/删除(R)/放弃(U)]:	（选择不必要的线）

采用上述方法完成标题栏中其他线的绘制，标题栏线段的整体绘制效果如图 7-20 所示。

（5）绘制完标题栏线框之后，要用 PROPERTIES 命令更改图框中部分线段的属性，有些"粗实线"层的部分线段需改到"细实线"图层上去。

（6）标题栏的线框绘制完成之后需要填写一些固定的文字，以便在完成设计图之后能对设计图纸进行说明。先将当前图层设定为"尺寸线"层，然后单击"多行文字"按钮，再输入文字。下面以输入"审核"为例来进行说明，具体命令提示如下：

命令:MTEXT　　　　　　　　　　　　　　　　　　　　（执行"多行文字"命令）

当前文字样式:"A3 样式"文字高度:3.5　注释性:否

指定第一角点:　　　　　　　　　　　　　　　　（以左下方长方形格的左下角点为第一角点）

指定对角点或[高度(H)/对正(J)/行距(L)/旋转(R)/样式(S)/宽度(W)/栏(C)]:

　　　　　　　　　　　　　　　　　　　　　　（以该长方形格的右上角点为指定对角点）

图 7-19　标题线的偏移

图 7-20　标题线的修剪

　　弹出如图 7-21 所示的"文字编辑器"对话框。在绘图窗口指定的区域书写文字"审核"，然后单击（对正）旁的下三角按钮，在下拉列表中选择"正中"选项，此时"审核"文字自动在长方形格中居中，效果如图 7-21 所示。

图 7-21　文字编辑器

　　（7）单击"复制"按钮，可以对文字进行复制，双击所复制的文字可以进行相应的修改；也可重复步骤 6，依次进行文字的输入。复制文字的具体命令提示如下：

命令:COPY　　　　　　　　　　　　　　　　　　（执行"复制"命令）

选择对象:　　　　　　　　　　　　　　　　　（选择刚输入的"比例"作为复制对象）

指定基点或[位移(D)/模式(O)]<位移>:

指定第二个点或[阵列(A)]<使用第一个点作为位移>　　（选择移动的起点及终点）

指定第二个点或[阵列(A)退出(E)/放弃(U)]:

　　（8）标题栏中文字的输入情况如图 7-22 所示。单击"保存"按钮，在弹出的保存对话框中选择 DWT 样板文件格式，并输入"A3 样板图"作为文件名，单击"保存"按钮，即可完成样板文件的设置保存。

			材料		比例	
			数量		图号	
审核	（姓名）	（日期）	（姓名）			
设计	（姓名）	（日期）	（班级）			

图 7-22　标题栏中的文字

至此，整个 A3 样板图的绘制已经全部完成，在以后的机械图绘制中不再重复讲解此部分内容的具体绘制过程。绘制好的 A3 样板图如图 7-23 所示。

图 7-23　A3 样板图

同理，根据上述创建 A3 标准样板文件的方法，我们可以参照国家制图标准进行 A4 标准样板文件的创建，这里不再详述。

7.1.6　样板文件的使用

在利用 AutoCAD 进行机械图绘制时，一般利用已预先创建好的 A3 样板图直接在样板图上进行机械图的设计。单击"新建"按钮，也可使用 NEW 命令，将弹出"选择样板"对话框，从"名称"列表框中选择"A3 样板图"样板文件，如图 7-24 所示。

单击"选择样板"对话框中的"打开"按钮，整个 A3 图框以及标题栏将出现在工作界面中，我们直接在图框中绘制机械图即可。

图 7-24 "选择样板"对话框

7.2 图 块 操 作

图块也叫块，它是由一组图形组成的集合，一组对象一旦被定义为图块，它们将成为一个整体，拾取图块中任意一个图形对象即可选中构成图块的所有对象。AutoCAD 把一个图块作为一个对象进行编辑修改等操作，用户可根据绘图需要把图块插入图中任意指定的位置，而且在插入时还可以指定不同的缩放比例和旋转角度。如果需要对组成图块的单个图形对象进行修改，还可以利用"分解"命令把图块分解成若干个对象。

7.2.1 定义图块

1. 命令调用

（1）从菜单中执行"绘图"→"块"→"创建"命令；

（2）单击"绘图"工具栏中的"创建块"按钮 ；

（3）在命令行中输入 B（block），按［Space］键。

2. 操作步骤

命令：BLOCK

选择相应的菜单命令或单击相应的工具栏图标，或在命令行输入 BLOCK 后按［Space］键确认，AutoCAD 打开图 7-25 所示的"块定义"对话框，利用该对话框可定义图块并为之命名。

图 7-25 "块定义"对话框

3. 选项说明

（1）"基点"选项组：确定图块的基点，默认值是（0，0，0）。也可以在下面的（X、Y、Z）文本框中输入块的基点坐标值。单击"拾取点"按钮，AutoCAD 临时切换到作图屏幕，用光标在图形中拾取一点后，返回"块定义"对话框，把所拾取的点作为图块的基点。

（2）"对象"选项组：该选项组用于选择制作图块的对象以及对象的相关属性。

（3）"设置"选项组：指定从 AutoCAD 设计中心拖动图块时用于测量图块的单位，以及缩放、分解和超链接等设置。

（4）在"块编辑器"中打开复选框：选中此复选框，系统打开块编辑器，可以定义动态块。

7.2.2　图块的存盘

用 BLOCK 命令定义的图块保存在其所属的图形当中，该图块只能在该图中插入，而不能插入其他的图中，但是有些图块在许多图中要经常用到，这时可以用 WBLOCK 命令把图块以图形文件的形式（后缀为.DWG）写入磁盘，图形文件可以在任意图形中用 INSERT 命令插入。

1. 命令调用

在命令行中输入 W（wblock），按［Space］键。

2. 操作步骤

> 命令：WBLOCK

在命令行输入 WBLOCK 后按［Space］键确认，AutoCAD 打开"写块"对话框，如图 7-26 所示，利用此对话框可把图形对象保存为图形文件或把图块转换成图形文件。

3. 选项说明

（1）"源"选项组：确定要保存为图形文件的图块或图形对象。其中选中"块"单选按钮，单击右侧的向下箭头，在下拉列表框中选择一个图块，将其保存为图形文件。

（2）选中"整个图形"单选按钮，则把当前的整个图形保存为图形文件。选中"对象"单选按钮，则把不属于图块的图形对象保存为图形文件。对象的选取通过"对象"选项组来完成。

（3）"目标"选项组：用于指定图形文件的名字、保存路径和插入单位等。

图 7-26　"写块"对话框

7.2.3　实例：粗糙度图块

按图 7-27 所示的尺寸绘制图形，并定义为图块，取名为粗糙度并保存。

步骤提示：

（1）利用"创建块"命令，打开"块定义"对话框。

图 7-27　粗糙度图块

（2）在"名称"下拉列表框中输入粗糙度。

（3）单击"拾取点"按钮切换到作图屏幕，选择下角点为插入基点，返回"块定义"对话框。

（4）单击"选择对象"按钮切换到作图屏幕，选择图 7-27 中粗糙度符号后，按［Space］键确认返回"块定义"对话框。

（5）确认关闭对话框。

（6）在命令行输入 WBLOCK 命令，系统打开"写块"对话框，在"源"选项组中选择"块"单选按钮，在后面的下拉列表框中选择粗糙度块，并进行其他相关设置确认退出。

7.2.4　图块的插入

在用 AutoCAD 绘图的过程当中，可根据需要随时把已经定义好的图块或图形文件插入当前图形的任意位置，在插入的同时还可以改变图块的大小、旋转一定角度或把图块炸开等。插入图块的方法有多种，本节逐一进行介绍。

1. 命令调用

（1）从菜单中执行"插入"→"块"命令；

（2）单击"绘图"工具栏中的"插入块"按钮 ；

（3）在命令行中输入 I（insert），按［Space］键。

2. 操作步骤

命令：INSERT

AutoCAD 打开"插入"对话框，如图 7-28 所示，可以指定要插入图块及插入位置。

图 7-28　"插入"对话框

3. 选项说明

（1）"路径"文本框：指定图块的保存路径。

（2）"插入点"选项组：指定插入点，插入图块时该点与图块的基点重合。可以在屏幕上指定该点，也可以通过下面的文本框输入该点坐标值。

（3）"缩放比例"选项组：确定插入图块时的缩放比例。图块被插入当前图形中的时候，可以以任意比例放大或缩小，如图 7-29 所示，图 7-29（a）是被插入的图块，图 7-29（b）取比例系数为 1.5 插入该图块的结果，图 7-29（c）是取比例系数为 0.5 的结果，X 轴方向和 Y 轴方向的比例系数也可以取不同值，如图 7-29（d）图所示，X 轴方向的比例系数为 1，Y

轴方向的比例系数为 1.5。另外，比例系数还可以是一个负数，当为负数时表示插入图块的镜像，其效果如图 7-30 所示。

图 7-29　取不同比例系数插入图块的效果

（a）　　　　　　　　（b）　　　　　　　　（c）　　　　　　　　（d）

图 7-30　取比例系数为负值插入图块的效果

（a）X=1，Y=1；（b）X=-1，Y=1；（c）X=1，Y=-1；（d）X=-1，Y=-1

　　（4）"旋转"选项组：指定插入图块时的旋转角度。图块被插入当前图形中的时候，可以绕其基点旋转一定的角度，角度可以是正数（表示沿逆时针方向旋转），也可以是负数（表示沿顺时针方向旋转）。图 7-31（b）是图 7-31（a）所示的图块旋转 45°插入的效果，图 7-31（c）是旋转 90°插入的效果。

（a）　　　　　　　　（b）　　　　　　　　（c）

图 7-31　以不同的旋转角度插入图块的效果

　　如果选中"在屏幕上指定"复选框，系统切换到作图屏幕，在屏幕上拾取一点，AutoCAD 自动测量插入点和该点连线与 X 轴正方向之间的夹角，并把它称为的旋转角。也可以在"角度"文本框直接输入插入图块时的旋转角度。

　　（5）"分解"复选框：选中此复选框，则在插入块的同时把其炸开，插入图形中的组成块的对象不再是一个整体，可对每个对象单独进行编辑操作。

7.3　课堂实训

将图 7-32 所示图形定义为图块，取名为"螺母"。

操作步骤如下：

（1）利用"绘图"相关命令，绘制如图 7-32 所示螺母。

（2）利用"创建块"命令，打开"块定义"对话框。

（3）在"名称"下拉列表框中输入螺母。

（4）单击"拾取"按钮切换到作图屏幕，选择螺母下边线与中心线的交点作为插入基点，返回"块定义"对话框。

（5）单击"选择对象"按钮切换到作图屏幕，选择图 7-32

图 7-32　绘制图块

中的对象后，空格键确认返回"块定义"对话框。

（6）确认关闭对话框。

（7）在命令行输入 WBLOCK 命令，系统打开"写块"对话框，在"源"选项组中选择"块"单选按钮，在后面的下拉列表框中选择螺母块，并进行其他相关设置后退出。

7.4 课后练习

练习 1

根据以下要求，创建图形样板，并以 A4 样板图命名。图层、颜色、线型、打印要求如表 7-3 所示。

表 7-3　图层设置要求

图线名称	颜色	线型	线宽/mm	用途
粗实线	黑/白	Continuous	0.5	粗实线
细实线	黑/白	Continuous	0.25	细实线
虚线	洋红	HIDDENX2	0.25	细虚线
中心线	红	CENTER	0.25	中心线
尺寸线	绿	Continuous	0.25	尺寸、文字
剖面线	蓝	Continuous	0.25	剖面线

图 7-33　标题栏尺寸

设置 A4 图幅，用粗实线画出图框（297×210），按图 7-33 所示尺寸在右下角绘制标题栏。具体要求：字高为 3.5；字体样式为 T 仿宋 GB2312（Windons7 系统为 T 仿宋）；宽度比例取 0.8。

尺寸标注的参数要求如下：尺寸线间距为 6；尺寸界线超出尺寸线为 1.5；起点偏移量为 0；箭头大小为 3；数字样式为 gbeitc.shx，字高为 3.5，宽度比例因子为 0.8，倾斜角度为 0，数字位置从尺寸线偏移 1。其余参数应符合《机械制图国家标准》的要求。

操作提示：

可参考 7.1 节内容，自行设置。

练习 2

建立 A2 样板图，图层、颜色、线型、打印要求同练习 1。图幅、标题栏、明细栏要求按《机械制图》国家标准绘制。可参考 7.1 节内容，自行设置，绘制后的结果如图 7-34 所示。

图 7-34　A2 样板图

练习 3

利用多段线命令，绘制如图 7-35 所示的剖面符号，并定义为图块，取名"剖切符号"。

图 7-35　剖切符号

操作提示：

（1）单击"绘图"工具栏中的"多段线"按钮，利用多段线命令，绘制剖切符号，命令行操作如下：

```
命令：PLINE
指定起点：
当前线宽为 0.0000                                              (箭头起点宽度为 0)
指定下一个点或[圆弧(A)/半宽(H)/长度(L)/放弃(U)/宽度(W)]:w
指定起点宽度<0.0000>:1.2                                       (箭头终点宽度为 1.2)
指定端点宽度<1.2000>:
指定下一个点或[圆弧(A)/半宽(H)/长度(L)/放弃(U)/宽度(W)]:5      (箭头部分总长 5 mm)
指定下一点或[圆弧(A)/闭合(C)/半宽(H)/长度(L)/放弃(U)/宽度(W)]:w   (水平线宽度 0.3)
指定起点宽度<1.2000>:0.3
指定端点宽度<0.3000>:
指定下一点或[圆弧(A)/闭合(C)/半宽(H)/长度(L)/放弃(U)/宽度(W)]:4   (水平线长度 4)
指定下一点或[圆弧(A)/闭合(C)/半宽(H)/长度(L)/放弃(U)/宽度(W)]:w   (竖直线宽度 2)
```

指定起点宽度<0.3000>:2

指定端点宽度<2.0000>:0

指定下一点或 [圆弧 (A) /闭合 (C) /半宽 (H) /长度 (L) /放弃 (U) /宽度 (W)] : 6　　（竖直线长度 6）

（2）利用"创建块"命令，打开"块定义"对话框。

（3）在"名称"下拉列表框中输入剖切符号。

（4）单击"拾取"按钮切换到作图屏幕，选择箭头最低点作为插入基点，返回"块定义"对话框。

（5）单击"选择对象"按钮切换到作图屏幕，选择图 7-35 中的对象后，按［Space］键确认返回"块定义"对话框。

（6）确认关闭对话框。

（7）在命令行输入 WBLOCK 命令，系统打开"写块"对话框，在"源"选项组中选择"块"单选按钮，在后面的下拉列表框中选择剖切符号块，并进行其他相关设置确认退出。

练习 4

绘制如图 7-36 所示的基准符号，并定义为图块，取名"基准 A"。

图 7-36　基准符号

操作提示：

（1）利用"直线""多行文字"和"填充"等命令绘制如图 7-36 所示图形。

（2）其余步骤同练习 3。

第8章　机械图绘制

在机械工程中，机器或部件都是由许多相互联系的零件装配而成的，制造机器或部件必须首先制造组成它的零件，因此零件图是生产中指导零件制造和检验的主要图样。此外，装配图是描述机器、部件或组件装配关系及整体结构的一种图样。在设计过程中，一般先绘制装配图，然后再按装配图所提供的结构形式和尺寸拆绘零件图。

本章将通过一些零件图和装配图的绘制实例，结合前面学习的平面图形的绘制、编辑命令及尺寸标注命令，详细介绍机械工程中零件图和装配图的绘制方法。

8.1　典型零件图的绘制

零件图是表示零件的结构形状、大小和技术要求的工程图样，并根据它加工制造零件。一幅完整的零件图应包括以下内容：

（1）一组视图：表达零件的形状与结构。

（2）一组尺寸：标出零件上结构的大小、结构间的位置关系。

（3）技术要求：标出零件加工、检验时的技术指标。

（4）标题栏：注明零件的名称、材料、设计者、审核者、制造厂家等信息的表格。

绘制零件图的基本步骤如下：

（1）设置作图环境。作图环境的设置一般包括两方面：

① 选择比例：根据零件的大小和复杂程度选择比例，尽量采用 1:1；

② 选择图纸幅面：根据图形大小、尺寸标注、技术要求所需图纸幅面，选择标准幅面。

（2）确定作图顺序。

（3）标注尺寸，标注技术要求，填写标题栏。

（4）校核与审核。

8.1.1　轴类零件的绘制

绘图前的准备工作及相关设置的具体操作可参考 7.1 节，这里不作叙述。绘制结果如图 8-1 所示。

1. 绘制泵轴轮廓

（1）在"中心线"图层上绘制一条长为 185 的水平中心线，如图 8-2 所示。

（2）在"粗实线"图层上，利用"直线"命令，绘制外轮廓。在中心线上选取一点作为直线起点并单击，移动光标，输入距离，直线段长度依次为 14、132、3、24、3、2、2、20 和 10，完成如图 8-3 所示的直线绘制。

（3）调用"延伸"命令，选择水平中心线为延伸的边界，分别单击要延伸的直线，完成延伸结果如图 8-4 所示。

图 8-1　泵轴

图 8-2　绘制水平中心线

图 8-3　绘制直线

图 8-4　延伸结果

（4）调用"倒角"命令，完成两侧距离 3×3 的倒角 J_1、J_2，利用"直线"命令补全倒角的边线，结果如图 8-5 所示。

图 8-5　倒角结果

（5）调用"镜像"命令，框选所有粗实线为镜像对象，依次选取水平中心线上的两点，完成镜像，结果如图 8-6 所示。

图 8-6　泵轴轮廓

2. 绘制圆孔和键槽圆孔

（1）利用"偏移"命令，确定竖直中心线的位置。选取直线 L_1，向右偏移，距离为 46，L_2 向左偏移 40，向右偏移 6；L_3 和 L_4 都向左偏移 5，偏移结果如图 8-7 所示。

图 8-7　偏移结果

（2）选取步骤（1）中偏移得到的直线，在"图层"面板中选择"中心线"层，将粗实线变为中心线，结果如图 8-8 所示。

图 8-8　图层转换结果

（3）调用"圆"命令，捕捉中心线交点，绘制如图 8-9 所示的 4 个圆。

图 8-9　绘制圆

（4）调用"直线"命令，绘制键槽处两圆的切线，并用"修剪"命令去除多余圆弧，结果如图 8-10 所示。

图 8-10　键槽绘制结果

（5）调用"偏移"命令，设置偏移为 41，偏移对象为直线 L_1。重复执行偏移命令，偏移距离设为 51，偏移对象为 L_1，偏移结果如图 8-11 所示。

图 8-11　偏移结果

（6）调用"圆弧"命令中"起点、端点、半径（R）"的方式，绘制如图 8-12 所示的两个半径为 14 的圆弧。

（7）调用"修剪"命令，修剪多余的线段，结果如图 8-13 所示。

图 8-12　绘制圆弧

图 8-13　修剪结果

（8）在"剖面线"图层上，调用"样条曲线"命令绘制局部剖面的打断线，完成后的效果如图 8-14 所示。

（9）调用"图案填充"命令添加剖面线，设置填充类型设为"ANSI31"，填充角度为 0°，比例为 1，填充完成后的效果如图 8-15 所示。

图 8-14　绘制样条曲线

图 8-15　填充结果

3. 绘制圆孔断面图

（1）在"中心线"图层上，绘制一条水平中心线和一条竖直中心线，长度均为 35，两直线过中点垂直相交，如图 8-16 所示。

（2）调用"圆"命令，选取中心线交点，绘制半径为 14 的圆，结果如图 8-17 所示。

图 8-16　中心线示意图　　　　　　　　图 8-17　绘制圆

（3）调用"偏移"命令，设置偏移为 5，偏移对象选取水平中心线，分别向上、向下进行偏移。选取偏移后的直线，在"图层"面板中选择"粗实线"层，将中心线变为粗实线，结果如图 8-18 所示。

（4）调用"修剪"命令，将多余的线段去除，结果如图 8-19 所示。

（5）调用"图案填充"命令添加剖面线，填充设置同上，完成结果如图 8-20 所示。

图 8-18　偏移结果

图 8-19　修剪结果

图 8-20　填充结果

4. 绘制键槽断面图

（1）在"中心线"图层上，调用"直线"命令，绘制一条水平中心线和一条竖直中心线，长度都为 30，两直线过中点垂直相交，如图 8-21 所示。

（2）调用"圆"命令，选取中心线交点为圆心，绘制半径为 11 的圆，结果如图 8-22 所示。

图 8-21　中心线示意图　　　　图 8-22　绘制圆

（3）调用"偏移"命令，设置偏移为 7，偏移对象为竖直中心线。选取偏移后的直线，在"图层"面板中选择"粗实线"层，将中心线变为粗实线，结果如图 8-23 所示。

（4）调用"偏移"命令，设置偏移为 3，偏移对象为水平中心线。分别向上、向下进行偏移。选取偏移后的直线，在"图层"面板中选择"粗实线"层，将其变为粗实线，结果如图 8-24 所示。

图 8-23　竖直中心线偏移结果　　　　图 8-24　水平中心线偏移结果

（5）调用"修剪"命令，将多余的线段去除，结果如图 8-25 所示。

（6）调用"图案填充"命令，填充设置同上，填充结果如图 8-26 所示

图 8-25　修剪结果　　　　图 8-26　填充结果

5. 标注泵轴尺寸

零件图绘制完成后需要对其标注尺寸，以方便阅读并确保在机械加工中能准确地按照图纸进行零件的加工。

（1）将工作图层切换到"尺寸线"图层。

（2）打开"标注样式管理器"将标注样式改为"A3 尺寸标注"样式，如图 8-27 所示。

（3）调用"线性"标注命令，选择需要标注线性尺寸的端点，完成外形尺寸的标注，结果如图 8-28 所示。

图 8-27 "标注样式管理器"对话框

图 8-28 线性标注

（4）调用"直径"标注按钮，选择需要标注直径尺寸的圆，完成对圆的尺寸标注。双击用线性标注的直径尺寸，在数字前输入"%%c"以添加表示直径的符号"φ"，结果如图 8-29 所示。

（5）调用"插入块"命令，弹出"插入"对话框，如图 8-30 所示。单击"浏览"按钮，选择 7.4 节绘制的"剖切符号"文件，单击"打开"按钮，回到"插入"对话框，勾选"插入点""比例"和"旋转"3 个区域中的"在屏幕上指定"复选框，单击"确定"按钮。在屏幕上指定插入点，并设置相关参数，如图 8-31 所示。

图 8-29　直径标注

图 8-30　"插入"对话框

图 8-31　插入剖切符号

（6）调用"多行文字"命令，在屏幕上选择需要标注的位置，按住鼠标左键，确定文字插入位置并单击，弹出如图 8-32 所示的"文字格式"对话框。

图 8-32 "文字格式"对话框

（7）选择"A3"文字样式，设置字高为"5"，单击"确定"按钮，完成剖切符号的标注，用 A 和 B 表示，结果如图 8-33 所示。

图 8-33 剖切符号的标注（一）

（8）完成其他剖切符号的标注，结果如图 8-34 所示。

图 8-34 剖切符号的标注（二）

6. 完成泵轴零件图

（1）填写技术要求：调用"多行文字"命令，在屏幕上选择需要标注的位置，按住鼠标左键，确定文字插入位置并单击，弹出如图 8-32 所示的"文字格式"对话框。选择"A3"

文字样式，调整字体大小为 8，输入"技术要求"；调整字体大小为 5，输入具体的技术要求内容，完成技术要求的标注，结果如图 8-35 所示。

技术要求

1. 调质HB220~250。
2. 两端中心孔：BT/10.6（GB/T 145—2001）。

图 8-35 技术要求的标注

（2）填写标题栏：调用"多行文字"命令，调整字体大小为 8，在文字对正方式中选择"正中"，在标题栏中输入名称"泵轴"；调整字体大小为 3.5，完成标题栏其他项目的填写。

（3）将泵轴主视图、断面图、技术要求以合适比例放置到 A3 图框中，并对线型比例、图线位置、尺寸标注等进行调整，最终的泵轴零件图绘制效果如图 8-1 所示。

8.1.2　盘类零件的绘制

轴承端盖是一种广泛用于各种机械传动的常用零件，主要用于轴的轴向定位。装配时与轴承配合，可起到密封作用。

绘图前的准备工作及相关设置的具体操作可参考 7.1 节，这里不作叙述。绘制结果如图 8-36 所示。

图 8-36 轴承端盖

1. 绘制轴承端盖主视图

（1）在"中心线"图层上，调用"直线"命令，分别绘制长度为150的水平中心线和竖直中心线，两直线过中点垂直相交，如图8-37所示。

（2）在"粗实线"图层上，调用"圆"命令，以中心线交点为圆心，分别绘制半径为20、35、38和60的圆，或调用"偏距"命令绘制同心圆，如图8-38所示。

图8-37　中心线示意图　　　　　　　图8-38　绘制圆（一）

（3）在"中心线"图层上，调用"圆"命令，以中心线交点为圆心，绘制半径为50的中心线圆，如图8-39所示。

（4）在"粗实线"图层上，调用"圆"命令，以垂直中心线和中心线圆的交点为圆心，绘制半径为4的粗实线圆，如图8-40所示。

图8-39　绘制圆（二）　　　　　　　图8-40　绘制圆（三）

（5）调用"阵列"命令，选择环形阵列，选取半径为4的粗实线圆为阵列对象，选取中心线交点为环形阵列中心点，项目总数设为4，填充角度设为360°，如图8-41所示。单击"确定"按钮，完成效果如图8-42所示。

2. 绘制轴承端盖左视图

（1）在"中心线"图层上，调用"直线"命令，在主视图右侧绘制一条竖直直线，如图8-43所示。

（2）右击状态栏上的"对象捕捉"按钮，在弹出的快捷菜单中选择"设置"命令，弹出"草图设置"对话框。单击"全部选择"按钮，设置对象捕捉模式，单击"确定"按钮退出设置，如图8-44所示。

图 8-41　"阵列"对话框

图 8-42　阵列结果

图 8-43　绘制中心线

图 8-44　设置对象捕捉

（3）调用"直线"命令，分别绘制轴承端盖主视图的同心圆中心线和上下两螺钉孔圆心的水平中心线，如图 8-45 所示。

（4）在"粗实线"图层上，调用"直线"命令，分别绘制如图 8-46 所示的投影直线。通过绘制投影直线，更容易控制图形对齐。

图 8-45　绘制中心线　　　　　　　　　　图 8-46　绘制投影直线

（5）调用"偏移"命令，偏移距离为 4，选取水平直线进行偏移，结果如图 8-47 所示。

（6）调用"直线"命令，绘制如图 8-48 所示的轮廓直线。

图 8-47　偏移结果　　　　　　　　　　图 8-48　绘制轮廓直线

（7）调用"偏移"命令，偏移距离为 16，选取轮廓直线，并在直线左侧单击，偏移结果如图 8-49 所示。

（8）重复执行"偏移"命令，将步骤（6）中所绘制的直线，向左偏移 3、6、10 和 13 各一次，向右偏移 10，绘制投影线至该直线处，结果如图 8-50 所示。

图 8-49　偏移结果（一）　　　　　　　图 8-50　偏移结果（二）

（9）调用"修剪"命令，修剪多余的线段，结果如图 8-51 所示。

（10）调用"直线"命令，绘制如图 8-52 所示的轮廓直线。

图 8-51　修剪结果　　　　　　　　　　图 8-52　绘制轮廓直线

（11）调用"直线"命令，绘制如图 8-53 所示的投影直线。

（12）调用"修剪"命令，修剪多余的线段，结果如图 8-54 所示。

图 8-53　绘制投影直线　　　　　　　　　　图 8-54　修剪结果

（13）调用"偏移"命令，偏移距离为 2，分别选取步骤（12）中的水平直线为偏移对象，向外侧偏移，结果如图 8-55 所示。

（14）调用"偏移"命令，偏移距离为 6，选取竖直直线为偏移对象，向右侧偏移，结果如图 8-56 所示。

图 8-55　偏移结果（一）　　　　　　　　　图 8-56　偏移结果（二）

（15）调用"修剪"命令，修剪多余的线段，结果如图 8-57 所示。

（16）调用"镜像"命令，框选步骤（15）建立的孔特征为镜像对象，按［Enter］键结束选择；再选取水平中心线上一点作为镜像线的第一点，然后在该中心线上选取另一点作为镜像线的第二点；输入字母 n 后按［Enter］键，镜像结果如图 8-58 所示。

图 8-57　修剪结果　　　　　　　图 8-58　镜像结果

图 8-59 填充结果

（17）在"剖面线"图层，调用"图案填充"命令，填充类型设为 ANSI31，填充角度设为 0°，比例设为 1；单击"拾取点"按钮，选择要填充的区域并确认，填充结果如图 8-59 所示。

3. 尺寸标注

（1）将工作图层切换到"尺寸线"层。

（2）调用"直径"标注命令，选择主视图需要标注的圆，完成对主视图直径尺寸的标注，如图 8-60 所示。

（3）调用"线性"标注命令，选择左视图需要标注线性尺寸的水平端点以及竖直端点，完成对左视图水平尺寸和竖直尺寸的标注，如图 8-61 所示。

图 8-60 直径标注结果

图 8-61 线性标注结果

4. 完成轴承端盖零件图

（1）调用"多行文字"命令，在屏幕上选择需要标注的位置，按住鼠标左键，确定文字插入位置并单击，弹出如图 8-62 所示的"文字格式"对话框。

图 8-62 "文字格式"对话框

（2）填写技术要求：调整字体大小为 8，输入"技术要求"；调整字体大小为 5，输入具体的技术要求内容，单击"确定"按钮，完成技术要求的标注。

（3）填写标题栏：重复步骤（1），调整字体大小为 8，在文字对正方式中选择"正中"，在标题栏中输入名称"轴承盖"；调整字体大小为 3.5，完成标题栏其他项目的填写。

（4）将轴承端盖主视图、侧视图、技术要求以合适比例放置到 A3 图框中，并对线型比例、图形位置、尺寸标注等进行调整，最终的轴承端盖绘制效果如图 8-36 所示。

8.1.3 叉架类零件的绘制

曲柄连杆机构是发动机的主要运动机构，其功用是将活塞的往复运动转变为曲轴的旋转运动，同时将作用于活塞上的力转变为曲轴对外输出的转矩。

绘制曲柄的准备工作及相关设置的具体操作可参考 7.1 节，这里不作叙述。绘制结果如图 8-63 所示。

图 8-63 曲柄

1. 绘制曲柄主视图

（1）在"中心线"图层上，调用"直线"命令，绘制一条长为 200 的水平中心线，再绘制一条长为 100 的垂直中心线，如图 8-64 所示。

（2）调用"偏移"命令，将竖直中心线向右偏移 100，如图 8-65 所示。

（3）在"粗实线"图层上，调用"圆"命令，先以左交点为圆心，分别绘制半径为 40 和

图 8-64 绘制中心线结果

30 的同心圆；再以右交点为圆心，分别绘制半径为 15 和 8 的同心圆，结果如图 8-66 所示。

（4）右击"对象捕捉"按钮，在弹出的快捷菜单中执行"设置"命令，在弹出的"草图设置"对话框中单击"全部清除"按钮，再勾选"切点"复选框，如图 8-67 所示。

（5）调用"直线"命令，利用切点捕捉，绘制两个外圆的切线，如图 8-68 所示。

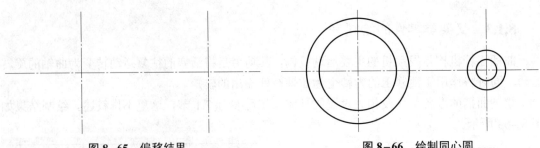

图 8-65　偏移结果　　　　　　　　　　图 8-66　绘制同心圆

图 8-67　"草图设置"对话框

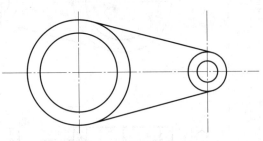

图 8-68　绘制切线

2. 绘制曲柄俯视图

（1）调用"复制"命令，选取曲柄主视图的中心线，向下 120 的位置进行复制，如图 8-69 所示。

（2）在"草图设置"对话框中单击"全部选择"按钮，设置对象捕捉模式，再单击"确定"按钮退出设置，如图 8-70 所示。

图 8-69　复制中心线

图 8-70　设置对象捕捉

（3）调用"直线"命令，分别以曲柄主视图的圆和中心线的交点为起点，向下绘制竖直直线作为投影线，如图 8-71 示。

（4）重复调用"直线"命令，绘制一条水平直线，与中心线相齐，如图 8-72 所示。

（5）调用"偏移"命令，选择俯视图的水平粗实线，分别向上偏移 20 和 10，结果如图 8-73 所示。

（6）调用"删除"命令，删除与水平中心线相齐的粗实线，如图 8-74 所示。

（7）调用"修剪"命令，修剪多余的线段，结果如图 8-75 所示。

（8）调用"镜像"命令，以水平中心线为镜像线，将轮廓镜像复制，如图 8-76 所示。

图 8-71　投影直线　　　　　　　　　　　　图 8-72　绘制直线

图 8-73　偏移结果　　　　　　　　　　　　图 8-74　删除直线

图 8-75 修剪结果   图 8-76 镜像结果

图 8-77 填充结果

（9）调用"图案填充"命令，填充类型设为 ANSI31，填充角度设为 0°，比例为 1；单击"拾取点"按钮，选择要填充的区域并确认，单击"确定"完成填充，结果如图 8-77 所示。

3. 标注尺寸

（1）将工作图层切换到"尺寸线"图层。

（2）调用"直径"标注命令，选择需要标注直径尺寸的圆，完成对主视图直径尺寸的标注，如图 8-78 所示。

（3）调用"线性"标注按钮，选择需要标注线性尺寸的端点，完成对外形线性尺寸的标注，如图 8-79 所示。

图 8-78 直径标注结果   图 8-79 线性标注

4. 标注表面粗糙度

（1）调用"插入块"命令，弹出"插入"对话框。

（2）单击"浏览"按钮，在弹出的对话框中选择 7.2.3 节建立的"粗糙度.dwg"文件，单击"打开"按钮。

（3）回到"插入"对话框，勾选"插入点"区域中的"在屏幕上指定"复选框，单击"确定"按钮。

（4）在屏幕上指定插入点，并设置相关参数，完成粗糙度符号的标注，如图 8-80 所示。

图 8-80　插入粗糙度符号

（5）调用"多行文字"命令，设置文字的高度，输入文字，完成粗糙度等级的标注，如图 8-81 所示。

图 8-81　标注粗糙度等级

5. 标注基准代号

（1）调用"插入块"命令，弹出"插入"对话框。

（2）单击"浏览"按钮，在弹出的对话框中选择 7.4 节建立的"基准 A 符号.dwg"文件，单击"打开"按钮。

（3）回到"插入"对话框，勾选"插入点"区域中的"在屏幕上指定"复选框，单击"确定"按钮。

（4）在屏幕上指定插入点，并设置相关参数，插入基准代号。

（5）调用"多行文字"命令，设置文字的高度，输入文字，完成对基准代号的标注，如图8-82所示。

图8-82 标注基准代号

6. 标注形位公差

（1）调用"公差"命令，弹出"形位公差"对话框，如图8-83所示。

（2）单击"形位公差"对话框"符号"区域的黑框，弹出如图8-84所示的"特征符号"对话框，单击"平行度"符号，自动关闭对话框。

图8-83 "形位公差"对话框

图8-84 "特征符号"对话框

（3）在"公差1"文本框中输入0.02，在"基准1"文本框中输入A，单击"确定"按钮，对话框关闭。

（4）选择需要放置公差的位置。

（5）调用"引线"命令指向需要标注形位公差的表面，完成形位公差标注，如图8-85所示。

图 8-85　标注形位公差

7. 完成曲柄零件图

（1）调用"多行文字"命令，在屏幕上选择需要标注的位置，按住鼠标左键，确定文字插入位置并单击，弹出"文字格式"对话框。

（2）填写技术要求：调整字体大小为 8，输入"技术要求"；调整字体大小为 5，输入具体的技术要求内容，单击"确定"按钮，完成技术要求的标注。

（3）填写标题栏：重复步骤（1），调整字体大小为 8，在文字对正方式中选择"正中"，在标题栏中输入名称"曲柄"；调整字体大小为 3.5，完成标题栏其他项目的填写。

（4）将曲柄主视图、俯视图、技术要求以合适比例放置到 A3 图框中，并对线型比例、图形位置、尺寸标注等进行调整，最终的曲柄绘制效果如图 8-63 所示。

8.1.4　箱体类零件的绘制

齿轮油泵是常用的液压传动部件，其结构可靠，工作稳定，造价低，可输送无腐蚀的油类等黏性介质，因此在工程中经常会用到。泵体是齿轮泵中的主要零件之一，其内腔要容纳一对吸油和压油的齿轮，泵体的左边将通过螺钉、圆柱销与泵盖连接，在泵体上有连接用的螺纹孔、定位用的销孔和进油口、出油口，如图 8-123 所示。

绘制齿轮油泵的准备工作及相关设置的具体操作可参考 7.1 节，这里不作叙述。

1. 绘制泵体左视图

（1）在"中心线"图层上，调用"直线"命令，如图 8-86 所示绘制中心线。

（2）调用"偏移"命令，将水平中心线向下偏移 30，绘制结果如图 8-87 所示。

（3）将"粗实线"层设置为当前层，调用"圆"命令，分别以中心线的两个交点为圆心，绘制直径为 66 的主要轮廓圆，结果如图 8-88 所示。

（4）调用"直线"命令，绘制两圆的切线，结果如图 8-89 所示。

（5）调用"修剪"命令，修剪图形，结果如图 8-90 所示。

图 8-86　基准线　　　　　　　　　　图 8-87　偏移中心线

图 8-88　主要轮廓圆　　　　　　　　图 8-89　绘制切线

（6）调用"圆"命令，分别以中心线的两个交点为圆心，绘制左视图中直径为 36 和 15 的圆，结果如图 8-91 所示。

图 8-90　主要轮廓　　　　　　　　　图 8-91　内腔圆

（7）调用"偏移"命令，将竖直中心线向两边各偏移 16.5，绘制出辅助线，绘图结果如

图 8-92 所示。

（8）调用"直线"命令，打开"对象捕捉"功能，捕捉辅助线与圆周的交点，绘制出泵体内腔的轮廓线，结果如图 8-93 所示。

图 8-92　偏移竖直中心线

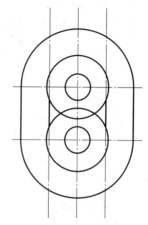

图 8-93　泵体内腔轮廓线

（9）调用"修剪"命令，以轮廓线为边界线，修剪多余的图线，并删除辅助线，结果如图 8-94 所示。

（10）调用"偏移"命令，将水平中心线向中间方向偏移 15，确定进出油口结构的位置，结果如图 8-95 所示。

图 8-94　删除辅助线

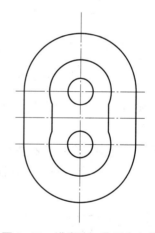

图 8-95　进出油口位置中心线

（11）调用"直线"命令，绘制出齿轮泵泵体进出油口外部结构的轮廓线，用同样的方法完成进出油口轮廓线的绘制，如图 8-96 所示。

（12）调用"镜像"命令，选择步骤（11）建立的特征为镜像对象，选取水平中心线上两点作为镜像线的两点，确认完成镜像，结果如图 8-97 所示。

（13）设置"中心线"层为当前图层，调用"多段线"命令，绘制螺纹孔中心线，结果如图 8-98 所示。

（14）调用"直线"命令，打开"极轴追踪"设置增量角为 45°，分别在竖直与水平中心线交点处绘制出与竖直中心线成 45° 角的斜线，如图 8-99 所示，确定销孔位置。

图 8-96　进出油口轮廓线

图 8-97　进出油口外部结构

图 8-98　螺纹孔中心线

图 8-99　销孔位置

（15）调用"圆"命令，按照螺纹规定画法绘制 M6 的螺纹孔和直径为 5 的销孔，结果如图 8-100 所示。

（16）调用"复制"命令，捕捉螺纹孔圆心作为基点，在相应位置绘制出其余螺纹孔，以同样的方法绘制另一个销孔，左视图最终的绘图结果如图 8-101 所示。

图 8-100　螺纹孔和销孔

图 8-101　左视图轮廓

2. 绘制左视图局部剖视图

齿轮油泵的内部形状相对复杂，并且很多时候线条是隐藏的，局部剖可以将其内部形状展示出来，从而更好地表达其内部形状。

（1）调用"样条曲线"命令，绘制出剖视图边界线。

（2）调用"修剪"命令，修剪多余的图线。

（3）调用"图案填充"命令，对局部区域填充剖面线，如图 8−102 所示。

图 8−102　左视图局部剖视图

3. 绘制泵体主视图

（1）将"中心线"图层设置为当前层，调用"直线"命令，绘制一条水平中心线，结果如图 8−103 所示。

（2）调用"偏移"命令，将水平中心线向下偏移 30，结果如图 8−104 所示。

图 8−103　水平中心线　　　　　图 8−104　偏移中心线

（3）调用"直线"命令，绘制一个高为 96，宽为 35 的矩形，结果如图 8−105 所示。

（4）调用"直线"命令，通过输入相对坐标的方式绘制泵体的主体轮廓，如图 8−106 所示。

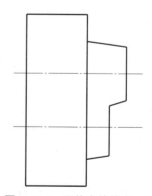

图 8−105　泵体主体轮廓（一）　　　　图 8−106　泵体主体轮廓（二）

（5）切换至"中心线"图层，调用"直线"及"移动"命令，在与最左端垂直线右侧距离为 12 处绘制出垂直中心线。

（6）调用"偏移"命令，设偏移距离为 15，绘制出确定位置的水平中心线，结果如图 8−107 所示。

（7）将"粗实线"图层设置为当前层，调用"圆"命令，绘制油口内轮廓线中直径为 10 的圆，结果如图 8−108 所示。

图 8-107　凸台中心线　　　　　　　　图 8-108　凸台油口内轮廓圆

4. 绘制泵体剖视图

（1）确定剖切平面的位置，绘制剖切符号，注写字母，如图 8-109 所示。

图 8-109　确定剖切面

（2）调用"修剪"命令，修剪多余的图线，整理后的图形如图 8-110 所示。

图 8-110　修剪后的图形

（3）绘制泵体内腔结构：调用"直线"命令，在主视图中绘制泵体内腔结构投影，利用"对象捕捉"和"极轴"功能确定投影位置，绘图结果如图 8-111 所示。

（4）齿轮轴孔处结构：调用"直线"命令，绘制出齿轮轴的内部结构，该处包括退刀槽、螺纹等，绘图结果如图 8-112 所示。

图 8-111　泵体内腔结构投影　　　　　　　　图 8-112　齿轮轴孔处结构

（5）螺纹孔和销孔：调用"直线"命令，根据视图投影规律和规定画法绘制出螺纹孔、圆柱销孔等结构，绘图结果如图 8-113 所示。

（6）调用"圆角"命令，设置圆角半径为 3，绘制出主视图中的圆角，结果如图 8-114 所示。

（7）在"剖面线"图层上，利用"图案填充"命令，填充类型设为 ANSI31，填充角度设为 0°，比例为 1；单击"拾取点"按钮，选择要填充的区域并确认，最后单击"确定"按钮，填充结果如图 8-115 所示。

图 8-113　螺纹孔和销孔结构　　　　图 8-114　绘制圆角　　　　图 8-115　填充效果

5. 绘制泵体右视图

（1）设置"粗实线"层为当前图层，调用"直线"按钮，绘制泵体右端的主体轮廓线，结果如图 8–116 所示。

（2）调用"多段线"和"圆"命令，绘制出泵体右端的结构外轮廓线以及尺寸为 M22 的螺纹孔，结果如图 8–117 所示。

（3）调用"圆"命令，绘制出直径为 5 的圆孔，右视图最终结果如图 8–118 所示。

图 8–116　泵体右端的主体轮廓线　　图 8–117　泵体右端结构外轮廓线　　图 8–118　右视图最终效果

6. 标注尺寸

（1）将"尺寸线"层设置为当前层，调用"线性"标注命令，标注出主要尺寸，结果如图 8–119 所示。

图 8–119　标注主要尺寸

（2）标注特殊尺寸，如"ϕ15H7"：先根据步骤 1，选择"线性"按钮，在图中指定两点作为两条尺寸界限后，选择"多行文字（M）"，在弹出的"文字格式"对话框中单击"符号"按钮，选择"直径（I）"，如图 8–120 所示。再输入"H7"，按［Enter］键即可完成修改。也可在"文字格式"对话框中直接输入"%%C15H7"。

图 8-120　特殊符号标注

【注意】

常用的特殊符号如下：

① 注写直径符号"ϕ"：输入"%%C"。

② 注写角度符号"°"：输入"%%D"。

③ 注写百分比符号"%"：输入"%%%"。

④ 注写上下偏差符号"±"：输入"%%P。

（3）标注其余尺寸

在尺寸标注中，任何图线都不能穿越尺寸数字，避不开时可调用打断工具将图线打断。角度的数值一律水平书写，应采用"圆与圆弧"标注样式标注角度尺寸。零件图的尺寸不能多标、漏标，标注完成后，应检查核对，如图 8-121 所示。

图 8-121　标注尺寸

7. 标注表面粗糙度

（1）调用"插入块"命令，弹出"插入"对话框。

（2）单击"浏览"按钮，在弹出的对话框中选择 7.2.3 节建立的"粗糙度.dwg"文件，单击"打开"按钮。

（3）回到"插入"对话框，勾选"插入点"区域中的"在屏幕上指定"复选框，单击"确定"按钮。

（4）在屏幕上指定插入点，并设置相关参数，完成粗糙度符号的标注。

（5）调用"多行文字"命令，设置文字的高度，输入文字，完成粗糙度等级的标注，如图 8-122 所示。

图 8-122　粗糙度标注

8. 完成泵体零件图

（1）调用"多行文字"命令，编写技术要求。

（2）完成所有技术要求书写、标注等内容，检查并修整图形。

（3）将泵体的三视图和技术要求以合适比例放置到 A3 图框中，并对线型比例、图形位置、尺寸标注等进行调整，最终的绘图效果如图 8-123 所示。

图 8-123　泵体

8.2 完整装配图的绘制

装配图表达了部件的设计构思、工作原理和装配关系，也表达出各零件间的相互位置、尺寸及结构形状。它是绘制零件工作图、部件组装、调试及维护的技术依据。绘制装配图时要综合考虑工作要求、材料、强度、刚度、磨损、加工、装拆、调整、润滑和维护以及经济等诸多因素，并要用足够的视图表达清楚。

8.2.1 装配图内容

一幅完整的装配图应该包含以下内容：

（1）一组图形：用一般表达方法和特殊表达方法，正确、完整、清晰和简洁地表达装配体的工作原理，零件之间的装配关系、连接关系和零件的主要结构形状。

（2）必要的尺寸：在装配图上必须标注出表示装配体的性能、规格以及装配、检验、安装时所需的尺寸。

（3）技术要求：用文字或符号说明装配体的性能、装配、检验、调试、使用等方面的要求。

（4）标题栏、零件的序号和明细表：按一定的格式，将零件、部件进行编号，并填写标题栏和明细表，以便读图。

8.2.2 装配图绘制过程

画装配图时应注意检验、校正零件的形状、尺寸。纠正零件草图中的不妥或错误之处。

（1）绘图前应当进行必要的设置，如绘图单位、图幅大小、图层线型、线宽、颜色、字体格式、尺寸格式等。设置方法见前述章节，为了绘图方便，比例选择为 1:1，或者调入事先绘制的装配图标题栏及有关设置。

（2）绘图步骤。

① 根据零件草图，装配示意图绘制各零件图，各零件的比例应当一致，零件尺寸必须准确，可以暂不标尺寸，将每个零件用 WBLOCK 命令定义为 DWG 文件。定义时，必须选好插入点，插入点应当是零件间相互有装配关系的特殊点。

② 调入装配干线上的主要零件，如轴。然后沿装配干线展开，逐个插入相关零件。插入后，若需要剪断不可见的线段，应当炸开插入块。插入块时应当注意确定它的轴向和径向定位。

③ 根据零件之间的装配关系，检查各零件的尺寸是否有干涉现象。

④ 根据需要对图形进行缩放，布局排版，然后根据具体情况设置尺寸样式，标注好尺寸及公差，最后填写标题栏和明细栏，完成装配图。

8.3 装配图的绘制方法

装配图是零部件加工和装配过程中重要的技术文件。在设计过程中要用到剖视以及放大等表达方式，还要标注尺寸、绘制和填写明细表等。本节将通过绘制如图 8-124 所示的球阀装

序号	名 称	数量	材 料	备 注
7	扳手	1	ZG25	
6	阀杆	1	40Cr	
5	压紧套	1	35	
4	阀芯	1	40Cr	
3	阀盖	1	ZG25	
2	密封圈	2	填充聚四氟乙烯	
1	阀体	1	ZG25	

					球阀装配平面图			
标记	处数	分区	更改文件号	签名	年月日	阶段标记	重量	比例
设计			标准化					1:1
审核								
工艺			批准			共 张	第 张	

图 8-124 球阀装配图

配图，来介绍装配图绘制的一般过程。其基本理论：将零件图的视图进行修改，制作成块，然后将这些块插入装配图中，制作块的步骤本节不再介绍，用户可以参考 7.2 节相应的内容。

8.3.1　配置绘图环境

选择菜单栏中的"文件/新建"命令，打开"选择样板"对话框，选择 A2 图形样板作为模板，模板如图 8−125 所示，将新文件命名为"球阀装配图.dwg"并保存。

图 8−125　A2 样板图模板

如样板图中所带的图层需要进行修改，可利用"图层"命令，打开"图层特性管理器"对话框，进行相关操作，如图 8−126 所示。

图 8−126　"图层特性管理器"对话框

8.3.2 组装装配图

球阀装配图主要由阀体、阀盖、密封圈、阀芯、压紧套、阀杆和扳手等零件图组成。在绘制零件图时，用户可以为了装配的需要，将零件的主视图以及其他视图分别定义成图块，但是在定义的图块中不包括零件的尺寸标注和定位中心线，块的基点应选择在与其他零件有装配关系或定位关系的关键点上。

1. 装配零件图

（1）插入阀体零件图。

调用"插入块"命令，弹出"插入"对话框。单击"浏览"按钮，选择绘制的"阀体主视图"文件，单击"打开"按钮，则系统弹出"插入"对话框，如图 8-127 所示。按照图示进行设置，插入的图形比例为 1，旋转角度为 0°，然后单击"确定"按钮。

在 A2 样板图框内适当位置点击单击鼠标，则"阀体主视图"块会插入"球阀装配图"中，结果如图 8-128 所示。

图 8-127 "插入"对话框   图 8-128 阀体主视图

继续插入"阀体俯视图"块，插入的图形比例为 1，旋转角度为 0°，插入点应使俯视图与主视图相对应；继续插入"阀体左视图"块，插入的图形比例为 1，旋转角度为 0°，插入点应使左视图与主视图相对应，结果如图 8-129 所示。

（2）插入"阀盖主视图"的图块。比例为 1，旋转角度为 0°，插入点选择"在屏幕上指定"，根据配合关系，在屏幕上指定合适位置。由于阀盖的外形轮廓与阀体左视图的外形轮廓相同，故"阀盖左视图"块不需要插入。因为阀盖是一个对称结构，其主视图与俯视图相同，所以把"阀盖主视图"块插入"球阀装配图"的俯视图中即可，结果如图 8-130 所示。

把俯视图中的"阀盖主视图"块分解并修改，如图 8-131 所示。

（3）插入"密封圈主视图"图块，比例为 1，旋转角度为 90°，选择合适装配位置作为指定点插入。由于该装配图中有两个密封圈，所以以同样方法再插入一个，结果如图 8-132 所示。

图 8-129　阀体三视图

图 8-130　插入阀盖

图 8-131　修改阀盖俯视图

图 8-132　插入密封圈主视图

（4）插入"阀芯主视图"图块，比例为 1，旋转角度为 0°，插入点为主视图中心线交点，结果如图 8-133 所示。

（5）继续插入"阀杆主视图"图块，比例为 1，旋转角度为 -90°，插入点为阀杆与阀芯配合点，用相同方式插入"阀杆俯视图"图块及"阀杆左视图"图块，并对左视图图块进行分解并修改，结果如图 8-134 所示。

图 8-133 插入阀芯主视图

图 8-134 插入阀杆

（6）插入"压紧套主视图"图块，比例为 1，旋转角度为 0°，插入点为压紧套与阀体的配合点；由于"压紧套左视图"与"压紧套主视图"相同，故可在阀体左视图中继续插入压紧套主视图图块，结果如图 8-135 所示。

（7）把主视图和左视图中的压紧套图块分解并修改，结果如图 8-136 所示。

图 8-135　插入压紧套

图 8-136　修改视图后的图形

（8）插入"扳手主视图"图块，比例为 1，旋转角度为 0°，插入为扳手与阀体配合点，以相同方式插入"扳手俯视图"，把扳手主视图和扳手俯视图中的扳手图块分解并修改，结果如图 8-137 所示。

图 8−137 插入扳手

2. 填充剖面线

（1）修改视图。综合运用各种命令，将图 8−137 的图形进行修改并绘制填充剖面线的区域线，结果如图 8−138 所示。

图 8−138 修改并绘制填充边界线

（2）绘制剖面线。利用"图案填充"命令，选择需要的剖面线样式，进行剖面线的填充。

（3）如果对填充后的效果不满意，可以双击图形中的剖面线，打开"图案填充编辑"对话框进行二次编辑。

（4）重复"图案填充"命令，将视图中需要填充的区域进行填充。

（5）将有些图线被挡住的图块的相关图线进行修剪，结果如图 8-139 所示。

图 8-139　填充后的图形

8.3.3　标注球阀装配图

1. 标注尺寸

在装配图中，需要标注的尺寸有：规格尺寸、装配尺寸、外形尺寸、安装尺寸以及其他重要尺寸。在本例中，需要标注的都为线性标注，比较简单，前面也有相应的介绍，这里就不再赘述，图 8-140 所示为标注后的装配图。

2. 标注零件序号

（1）标注零件序号采用引线标注方式（QL 命令），在标注引线时，为了保证引线中的文字在同一水平线上，可以在合适的位置绘制一条辅助线。

（2）利用"多行文字"命令，在左视图上方标注"去扳手"三个字，表示左视图上省略了扳手零件部分轮廓线。

（3）标注完成后，将绘图区所有的图形移动到图框中合适的位置，如图 8-141 所示为标注后的装配图。

图 8-140　标注尺寸后的装配图

图 8-141　标注零件序号后的装配图

3. 绘制和填写明细表

利用二维绘图和修改命令绘制明细表，然后利用"多行文字"命令，填写明细表，结果如图 8-142 所示。

7	扳手	1	ZG25	
6	阀杆	1	40Cr	
5	压紧套	1	35	
4	阀芯	1	40Cr	
3	阀盖	1	ZG25	
2	密封圈	2	填充聚四氟乙烯	
1	阀体	1	ZG25	
序号	名　称	数量	材　料	备　注

图 8-142　装配图明细表

4. 填写技术要求

将"文字"层设置为当前图层，利用"多行文字"命令，填写技术要求。

5. 填写标题栏

利用"多行文字"命令，填写标题栏中相应的项目，最终结果如图 8-124 所示。

8.4　课　堂　实　训

根据下面给出的虎钳零件图（如图 8-143～图 8-148 所示），绘制其装配图，如图 8-149 所示。

图 8-143　钳口板

图 8-144　固定钳身

图 8-145　丝杠

图 8-146　活动钳身

图 8-147　螺母

图 8-148　固定螺钉

10	垫圈	1	Q235	GB/T 68—2016
9	螺钉M6	4		GB/T 6170—2016
8	螺母M12	2		GB/T 97.1—2002
7	垫圈12	1		
6	丝杠	1	45	
5	活动钳身	1	HT150	
4	螺母	1	20	
3	固定螺钉	1	20	
2	钳口板	2	45	
1	固定钳身	1	HT150	
序号	名称	数量	材料	备注

技术要求

钳口座前后移动时应无松紧及卡住现象

机用虎钳				
比例	1:1	（姓名）	（班级）	
材料		（姓名）	（班级）	
设计	（姓名）	（日期）		
审核	（姓名）	（日期）		

图 8-149 虎钳装配图

操作步骤如下：

（1）根据之前所学，绘制零件图，在给零件图标注尺寸之前，将所需零件的不同视图定义为块，定义块时注意基点的确定。

（2）新建文件，设置绘图环境，建立所需图层，或直接选择 A2 样板图。

（3）绘制装配图中的主视图。

① 先插入丝杠的主视图图块，再插入右端垫圈，将垫圈的基点与图 8-150 所示的丝杠的点 1 重合，完成垫圈的装配。

图 8-150　垫圈装配插入点

② 插入固定钳身主视图的块，以块的基点和图 8-151 所示的点 2 重合，完成固定钳身的装配。

图 8-151　固定钳身装配插入点

③ 插入固定钳身钳口板的块，让基点与图 8-152 所示的点 3 重合。

图 8-152　固定钳身钳口板的装配插入点

④ 先绘制一条竖直点画线，表示螺母的中心线，再插入螺母的主视图块，基点与图 8-153 所示的点 4 重合，完成螺母的装配。

图 8-153　螺母装配插入点

⑤ 插入活动钳身，基点与图 8-154 所示的点 5 重合。

⑥ 插入固定螺钉，基点与图 8-155 所示的点 6 重合；插入活动钳身钳口板，基点与图 8-155 所示的点 7 重合。

⑦ 垫圈的基点与图 8-156 所示的点 8 重合，螺母的基点与图 8-156 所示的点 9 重合。

图 8-154 活动钳身
装配插入点

图 8-155 固定螺钉及活动钳身
钳口板装配插入点

图 8-156 丝杠左端螺母及垫圈的
装配插入点

（4）绘制装配图中的俯视图。

① 插入丝杠。注意保证俯视图与主视图长对正。

② 插入垫圈。用与主视图相同的方法插入垫圈的图块，如图 8-157 所示。

③ 插入固定钳身。基点与图 8-157 所示的点 10 重合。

图 8-157 俯视图固定钳身装配插入点

④ 插入活动钳身。先按照投影关系，以主视图竖直中心线为起始点，向下绘制一条竖直线，与丝杠水平中心线的交点即为螺母的中心线，活动钳身的俯视图的基点与图 8-158 所示的点 11 重合。

图 8-158 俯视图活动钳身装配插入点

⑤ 插入螺母、垫圈。按照与主视图相同的方法插入左端的螺母和垫圈。

⑥ 绘制固定钳身和钳口板的连接螺钉。

（5）绘制装配图中的左视图。

① 插入丝杠。丝杠基点与图 8-159 所示的点 12 重合。

② 插入固定钳身。以图 8-159 所示的点 12 为插入点。

③ 插入螺母。以图 8-159 所示的点 12 为插入点。

④ 插入活动钳身。以图 8-160 所示的点 13 为插入点。

图 8-159　左视图丝杠装配插入点

图 8-160　左视图活动钳身装配插入点

⑤ 插入固定螺钉。固定螺钉的基点与图 8-161 所示的点 14 重合。

图 8-161　左视图固定螺钉装配插入点

⑥ 按照投影关系，绘制活动钳身和螺母的连接螺钉。

⑦ 绘制左边外形部分丝杠螺纹处的螺母外形。绘制半个正六边形，表示螺母外形。

（6）其他视图：虎钳装配图上的其他图形不需要重新绘制，可以将相关零件图中的图形复制到装配图上。

（7）参照之前所述，标注必要的尺寸、技术要求、零件序号、明细栏和标题栏。最终装配图，如图 8-149 所示。

8.5 课后练习

练习 1

绘制如图 8-162～图 8-165 所示滑动轴承的四个零件图，并装配成如图 8-166 所示的滑动轴承的装配图。

图 8-162 滑动轴承的上盖

图 8-163　滑动轴承的上、下轴衬

图 8-164　滑动轴承的轴衬固定套

图 8-165　滑动轴承的轴承座

8	旋盖式油杯	1			
7	六角头螺栓	2			
6	六角螺母	4			
5	轴衬固定套	1	Q235		
4	上轴衬	1	ZCuSn10Pb1		
3	轴承盖	1	HT200		
2	下轴衬	1	ZCuSn10Pb1		
1	轴承座	1	HT200		
序号	名 称	数量	材 料		备　注

	滑动轴承		
标记 处数 分区 更改文件号 签字 年月日	阶段标记 重量 比例		
设计			1:1
标准化	共 张 第 张		
审核			
工艺	批准		

技术要求
1. 轴承装配合适后，再加工油孔。
2. 调整试样用煤油清洗，工作面涂薄甘油。

B—B
拆去件8

$\phi60\frac{H9}{k7}$

C2.5

80 $\phi65\frac{H9}{f9}$

70

40

180

$\phi90\frac{H9}{f9}$

163

8 7 6 5 4 3 2 1

A—A
$\phi85\pm0.3$

55

6

240

图 8-166　滑动轴承装配图

练习 2

请根据下面给出的千斤顶装配示意图（如图 8–167 所示）和零件图（如图 8–168～图 8–172 所示）自行绘制其装配图。

图 8–167　千斤顶装配示意图

图 8-168　底座零件图

图 8-169　螺旋杆零件图

图 8-170　螺套

图 8-171　绞杠

图 8-172　顶垫

附录 A AutoCAD 键盘图

控制允许/禁止动态UCS　　　栅格模式

等轴测平面切换　　　　正式模式

数字化仪控制　　　　捕捉模式

控制是否实现对象自动捕捉　　　　极轴追踪

实现作用窗口和文本串口的切换　　　　对象捕捉追踪

获取帮助　　　　动态输入

| Esc | F1 | F2 | F3 | F4 | F5 | F6 | F7 | F8 | F9 | F10 | F11 | F12 |

附录 B AutoCAD 常用快捷键

附表 B-1 常用快捷键及其功能

快捷键	功　　能	快捷键	功　　能	命令
F1	获取帮助	CTRL+O	打开文件	OPEN
F2	实现作图窗和文本窗口的切换	CTRL+N、M	新建文件	NEW
F3	控制是否实现对象自动捕捉	CTRL+P	打印文件	PRINT
F4	数字化仪控制	CTRL+S	保存文件	SAVE
F5	等轴测平面切换	CTRL+Z	取消上一步操作	UNDO
F6	控制状态行上坐标的显示方式	CTRL+Y	重做取消的操作	REDO
F7	栅格显示模式控制	CTRL+C	复制	COPYCLIP
F8	正交模式控制	CTRL+V	粘贴	PASTECLIP
F9	栅格捕捉模式控制	CTRL+X	剪切	CUTCLIP
F10	极轴模式控制	CTRL+B	栅格捕捉	SNAP
F11	对象追踪式控制	CTRL+F	对象捕捉	OSNAP
CTRL+W	对象追踪	CTRL+G	栅格	GRID
CTRL+U	极轴	CTRL+L	正交	ORTHO
CTRL+A	全选	CTRL+1	修改特性	PROPERTIES
CTRL+0	显示/隐藏快捷图标	CTRL+2	设计中心	ADCENTER

附表 B-2 AutoCAD 的常用绘图命令及其快捷键

序号	名称	命　　令	快捷键	功　　能
1	点	point	PO	创建点对象
2	直线	line	L	绘制二维或三维直线
3	射线	xline	XL	创建无限长的直线（即参照线）
4	多线段	pline	PL	创建二维多线段
5	样条曲线	spline	SPL	创建二次获三次样条曲线
6	正多边形	polygon	POL	画正多边形
7	矩形	rectang	REC	绘矩形

续表

序号	名称	命 令	快捷键	功 能
8	圆弧	arc	A	绘制给定参数的圆弧（11 种）
9	圆	circle	C	在指定位置画圆
10	圆环	donut	DO	绘制填充的圆环
11	椭圆	ellipes	EL	绘制椭圆或椭圆弧
12	插入图块	insert block	I	插入图块
13	定义块	wblock	W	将块对象写入新图形文件
14	制作图块	makeblock	B	制作图块
15	图案填充	bhatch	BH	将某种图案填充到指定区域
16	多行文本	mtext	MT	以段落的方式来处理文字
17	等分	divide	DIV	将点对象或块沿对象的长度或周长等间隔排列
18	重生成	regen	RE	重生成整个图面，以及重新计算所有物件的荧幕坐标。重新制作图面资料库的索引，以最佳化显示物件的选取效能

附表 B-3 AutoCAD 的常用编辑命令及其快捷健

序号	名称	命 令	快键	功 能
1	删除对象	erase	E	删除指定的对象
2	取消上一步	u	U	取消上一步操作，可连用
3	取消	undo	UNDO	可以一次取消指定步数
4	重做	redo	REDO	恢复 U 或 Undo 命令取消的一步操作
5	复制对象	copy	CO	将指定对象复制到指定位置
6	镜像	mirror	MI	将指定对象按给定镜像线镜像
7	偏移	offset	O	对指定的对象（直线、圆等）作同心偏移复制
8	阵列	array	AR	按矩形或环形复制指定的对象
9	移动	move	M	将指定对象移动到指定位置
10	旋转	rotate	RO	将指定对象绕指定基点旋转
11	缩放	scale	SC	将指定对象按指定比例缩放
12	拉伸	stretch	STRETCH	可以对图形进行拉伸与压缩
13	改变长度	lengthen	LENGTHEN	改变直线与圆弧的长度
14	修剪	trim	TR	用剪切边修剪指定的对象

续表

序号	名称	命令	快键	功能
15	延伸	extend	EX	延长指定对象到指定边界
16	断开	break	BR	将对象按指定格式断开
17	倒角	chamfer	CHA	对两不平行的直线作倒角
18	圆角	fillet	F	对指定对象按指定半径倒圆角
19	分解	explode	EXPLODE	分解多段线、块或尺寸标注

附表 B-4 常用尺寸标注命令功能及其快捷键

序号	名称	命令	快键	功能
1	线性标注	linear dimension	DLI	标注水平、垂直线性尺寸
2	对齐标注	aligned dimension	DAL	标注倾斜线性尺寸
3	半径标注	radius dimension	DRA	标注半径尺寸
4	直径标注	diameter dimension	DDI	标注直径尺寸
5	角度标注	angular dimension	DAN	标注角度尺寸
6	快速标注	qdim	QDIM	以快速形式标注尺寸
7	基线标注	baseline dimension	DBA	以基线形式标注尺寸
8	连续标注	continue dimension	DCO	以连续形式标注尺寸
9	引导标注	leader dimension	LE	标注说明文本（S 的设置）
10	中心标注	center make dimension	DCE	标注圆心位置
11	标注编辑	dimension edit	DED	用新文字替换、旋转现有标注文字、将文字移动到新位置
12	标文编辑	dimension text edit	DIMEDIT	改变标注文字沿标注线的位置和角度
13	标注样式	dimension style	D	标注类型更新

附录 C 计算机绘图标准

附表 C-1 CAD 工程图的字体与图纸幅面之间的大小关系

字体 ＼ 图幅	A0	A1	A2	A3	A4
字母数字	5 mm		3.5 mm		
汉　字	7 mm		5 mm		

附表 C-2 CAD 工程图中的线型分组

组别	分 组					一 般 用 途
	1	2	3	4	5	
线宽	2.0	1.1	1.0	0.7	0.5	粗实线、粗点画线、粗虚线
	1.0	0.7	0.5	0.35	0.25	细实线、波浪线、双折线、细虚线、细点画线、细双点画线

附表 C-3 CAD 工程图中基本图线的颜色

图 线 类 型		屏幕上的颜色	图 线 类 型		屏幕上的颜色
粗实线	——————	白 色	虚 线	– – – – – – –	黄 色
细实线	————		细点画线	—·—·—·—·—	红 色
波浪线	〜〜〜	绿 色	粗点画线	—·—·—·—·—	棕 色
双折线	〜＾〜＾〜		双点画线	—··—··—··—	粉红色

附表 C-4 CAD 工程图中的最小距离

字体	最小距离	
汉字	字距	1.5
	行距	2
	间隔线或基准线与汉字的间距	1
字母与数字	字符	0.5
	词距	1.5
	行距	1
	间隔线或基准线与字母、数字的间距	1

参 考 文 献

［1］吕海霆. 现代工程制图［M］. 北京：机械工业出版社，2012.

［2］张景春. AutoCAD 2012 中文版基础教程［M］. 北京：中国青年出版社，2011.

［3］林彬. AutoCAD 2012 中文版完全自学一本通［M］. 北京：电子工业出版社，2011.

［4］CAD/CAM/CAE 技术联盟. AutoCAD 2014 中文版机械设计从入门到精通［M］. 北京：
清华大学出版社，2014.

［5］丁进. AutoCAD 实用教程——2D 机械篇［M］. 天津：天津大学出版社，2014.

［6］蒋清平. 中文版 AutoCAD 2016 机械制图实训教程［M］. 北京：人民邮电出版社，2016.

［7］廉亚峰. AutoCAD 机械制图［M］. 北京：机械工业出版社，2014.

［8］赵昌葆. 中文版 AutoCAD 2016 机械设计实例教程［M］. 北京：中国电力出版社，2011.

［9］焦勇. AutoCAD 2007 机械制图入门与实例教程［M］. 北京：机械工业出版社，2011.

［10］腾龙科技. AutoCAD 2010 机械制图［M］. 北京：清华大学出版社，2011.